"十二五"职业教育国家规划教材

经全国职业教育教材审定委员会审定

服装色彩

第四版

郑军 刘沙予 ◎ 主编

化学工业出版社

·北京·

内容简介

《服装色彩》(第四版)通过"项目引领和任务驱动"来凸显服装色彩在服装设计过程中的重要作用,其内容设置包括服装色彩的认知及训练、色彩的基本原理及应用训练、色彩组织及应用训练、色彩的情感与服装色彩意象及应用、服装色彩设计是"以人为本"的再创造、服装色彩的设计方法及应用、流行色在服装色彩设计中的应用、服装色彩的企划过程及应用等八个项目,还附有世界著名服装设计师简介等。本书注重讲述理念性的知识点,图文并茂,突出任务实施过程及综合训练,知识结构直观、明了;突出专业性、职业岗位性。本次修订,书中以二维码链接的形式增加了微课、视频资源,使内容更加立体化。

本书为高职高专服装专业系列教材之一,除可作为高职高专服装类专业学生的教学用书外,还可以作为服装类中专、技校学生的教学用书,同时可供服装从业人员阅读参考。

图书在版编目(CIP)数据

服装色彩/郑军,刘沙予主编. —4版. —北京:化学工业出版社,2020.11(2023.3重印)
"十二五"职业教育国家规划教材
ISBN 978-7-122-37683-1

Ⅰ.①服… Ⅱ.①郑…②刘… Ⅲ.①服装色彩-高等职业教育-教材 Ⅳ.①TS941.11

中国版本图书馆CIP数据核字(2020)第168661号

责任编辑:蔡洪伟   文字编辑:李 瑾
责任校对:宋 玮   装帧设计:王晓宇

出版发行:化学工业出版社(北京市东城区青年湖南街13号 邮政编码100011)
印　　装:北京捷迅佳彩印刷有限公司
787mm×1092mm 1/16 印张12¹⁄₂ 字数288千字 2023年3月北京第4版第3次印刷

购书咨询:010-64518888   售后服务:010-64518899
网　　址:http://www.cip.com.cn
凡购买本书,如有缺损质量问题,本社销售中心负责调换。

定　价:65.00元   版权所有　违者必究

前言

现代职业教育的培养目标是彰显职业技术技能和职业精神的高度融合，以职业岗位群需求为宗旨，注重培养学生动手操作能力的提高，突出教学的实践性和可操作性。服装色彩作为服装专业的基础课程，依据"项目课程"的基本要求，通过"项目引领和任务驱动"来突显服装色彩在服装设计过程中的重要作用。

本教材自2016年第三次修订以来，受到相关院校、业内人士的一致好评，对于从事服装行业的设计人员具有一定的指导作用。依据"项目课程"的体例，采取了"项目引领和任务驱动"的方式，使各个项目更趋合理化、规范化。书中对服装色彩的认知及训练、色彩的基本原理及应用训练、色彩组织及应用训练、色彩的情感与服装色彩意象及应用、服装色彩设计是"以人为本"的再创造、服装色彩的设计方法及应用、流行色在服装色彩设计中的应用、服装色彩的企划过程及应用八个项目、二十一项工作任务、八个教学与实践评价作业，以及世界著名服装设计师简介等内容进行了阐述与实施过程分析与解读。本次修订在保持第三版教材基本框架和基本内容的基础上力求更加立体化，加入了二维码链接资源，资源类型有微课、视频、动画、习题、PPT等。本着重应用的编写思想，力求内容系统而全面，也是编者们多年的企业实践与多年的教学经验的有机结合，具有很强的实用性和可操作性，力求与新工艺、新技术、新理念相结合，方便教师组织相应的实践教学，也利于学生实践技能的培养。

本次修订工作由郑军、刘沙予、叶峰、刘蕾完成。其中，项目一、五、六由郑军完成；项目二、三、四由刘沙予完成；项目七由叶峰完成；项目八、附录由刘蕾完成。本教材由郑军、陈文忠统稿。

本次修订十分感谢山东岱银集团雷诺服饰公司陈文忠高级技师的参与指导，其结合服装企业的真实工作场景和案例在各项目的工作任务分析与实施过程上给予了指教。

期望本教材修订后更能受到广大师生、相关专业人士的欢迎，由于编者水平有限，疏漏之处在所难免，敬请专家和同行给予指正。

编 者

2020年10月

第一版前言

关于服装色彩或与服装色彩有关的问题，大家普遍认为那是专业人员应该研究和探讨的，好像与非专业人员无关。其实不然——殊不知，大千世界，每个人都与服装色彩息息相关。面对衣柜内的各色服装，而不知如何去搭配；或去专卖店选购服装，而不知应该选择哪一颜色的款式，我们真的没有选择的余地吗？不是，而是选择太多，又不知如何去选择。本书在编写过程中，力求从服装色彩的实用性为出发点，帮助服装从业人员和非专业人士重新认识服装色彩的作用及其重要性。

服装色彩设计本身属于色彩设计里的一项内容，色彩系列会随着季节的变化而变化，这是它流行的一面。设计师首先要了解当年的流行色，并且要分析每个色彩系列的微妙变化。不难发现，流行色会魔术般地出现在各个品牌专卖店，而且有惊人的相似之处；生产商也会通过各类服装服饰博览会、时装杂志、媒体广告的宣传，向消费者灌输着他们的流行理念，目的是调动消费者的购买积极性。当看到服装热销时，我们才会发现流行和促销的魔力。

服装色彩基础知识的掌握，可以使我们更加灵活、娴熟地运用色彩而进行设计。服装色彩的设计要树立"以人为本"的设计理念，假如说服装色彩的设计只是天马行空、脱离生活，那只能是无源之水，无本之木。再者，要树立市场观念，在批量化的成衣生产过程中，从产品的设计开发到销售，我们已经毫无条件地要面向市场、面对消费者。另外，服装色彩的设计要有创新性，特别是要用发散式的思维方式，摆脱以往陈旧的、模仿式的学习方法，要有时尚、先锋的设计理念。

本书在编写过程中，主要以成功品牌为范例，突出艺术性和实用性；并且参考运用了大量设计大师的力作，来诠释对服装色彩的巧妙运用。每年的巴黎、米兰、纽约、伦敦的春夏、秋冬高级成衣发布会，都会让我们领略到大师们的设计风采。伊夫·圣罗朗（Yves Saint Laurent）强烈的色彩对比，詹尼·范思哲（Gianni Versace）华丽、富贵的色彩搭配；约翰·加里亚诺（John Galliano）传统与现代色彩的完美相结合；乔治·阿玛尼（Giorgio Armani）的高级中性色调，等等。大师们的设计无不充满了艺术气息，他们市场化的运作方式更是我们获得成功的样板。

本书由郑军、刘沙予任主编，具体编写分工为：郑军负责统稿，并编写第一、五、六章；刘沙予编写第二、三、四章；叶峰编写第七章；刘蕾编写第八章和附录。

在本书的编写过程中，得到了主参编院校领导的大力支持，在此深表感谢。

本教材由于编写时间有限，内容上可能有不妥之处，望广大读者批评指正。

编 者

2007年3月

第二版前言

当今社会,服装色彩的应用越来越宽泛,服装产业的迅速发展,对于服装色彩的应用起着巨大的推动作用。伴随着人们消费观念的转变、环保意识的增强,服装色彩的应用和把握越来越理性化,人们对于服装色彩潜意识的偏爱也呈现出丰富多彩的外在表现形式。

本书第一版自2007年出版以来,受到相关院校、业内人士的一致好评,对于从事服装行业的设计人员具有一定的指导作用。《服装色彩》是服装设计专业的一门专业基础课程,尤其是在各高职高专院校的一体化教学改革中显得尤为重要。专业基础课和专业主干课程相结合,加强学生的实际动手操作能力,符合高职高专服装设计专业人才培养方案的要求。随着服装设计专业教学改革的不断深入,服装色彩的实用性更显得尤为突出,不论是色彩的基本原理、色彩在服装设计中的应用都在不断地与新工艺、新技术相结合。为了适应服装设计市场的要求,本书第二版坚持以易操作、可行性为出发点,对第一版部分内容做了一定的修改,增加了一些实际案例和习作,使第二版的内容更加直观和丰富,从而实现服装专业平面设计与立体设计之间转换的掌控能力培养。

本次修订工作由郑军、刘沙予、叶峰、刘蕾完成。其中,第一、五、六章由郑军完成;第二、三、四章由刘沙予完成;第七章由叶峰完成;第八章、附录由刘蕾完成。本书由郑军统稿。

本次修订感谢王彩霞、王宇晓、李莹老师和胡雪、刘鑫、宋腾腾、吴晓燕、昝美花等同学提供的部分服装色彩设计作品。

期望本书能受到广大师生、相关专业人士的欢迎,由于编者水平有限,不足之处在所难免,敬请专家和同行给予指正。

编 者

2012年6月

第三版前言

随着高等职业教育改革的不断推进,高职服装设计专业的理实一体化教学已经成为实践教学改革的重要内容。服装色彩的课程教学隶属于服装设计专业,课程改革注重课程理论、技能实训、顶岗实习三位一体。以职业岗位群为目标,注重培养学生动手操作能力的提高,突出教学的实践性和可操作性。服装色彩作为服装设计专业的基础课程,根据"项目课程"的基本要求,通过"项目引领和任务驱动"来突显服装色彩在服装设计过程中的重要作用。

本教材自2012年第二次修订以来,受到相关院校、业内人士的一致好评,对于服装行业的设计人员具有一定的指导作用。本次修订在保持原教材基本框架和基本内容的基础上,依据"项目课程"的体例,采取了"项目引领和任务驱动"的方式,使各个项目更趋合理化、规范化。其内容设置包括服装色彩的认知及训练、色彩的基本原理及应用训练、色彩组织及应用训练、色彩的情感与服装色彩意象及应用、服装色彩设计是"以人为本"的再创造、服装色彩的设计方法及应用、流行色在服装色彩设计中的应用、服装色彩的企划过程及应用八个项目、二十一项工作任务、八个教学与实践评价作业,以及世界著名服装设计师简介等。编者本着轻理论、重应用的编写思想,编写中力求内容系统而全面,将编写者们多年的工厂实践与多年的教学经验进行有机结合,注重实用性和可操作性,注重新工艺、新技术、新理念的结合,方便教师组织相应的实践教学,同时利于学生实践技能的培养。

本次修订工作由郑军、刘沙予、叶峰、刘蕾完成。其中,项目一、五、六由郑军完成;项目二、三、四由刘沙予完成;项目七由叶峰完成;项目八、附录由刘蕾完成。本教材由郑军、陈文忠统稿。

本次修订十分感谢山东岱银集团雷诺服饰公司陈文忠高级技师的参与和指导，同时结合服装企业的真实工作场景和案例在各项目的工作任务分析与实施过程上给予指教。

  期望本教材修订后更能受到广大师生、相关专业人士的欢迎，由于编写者水平有限，不足之处在所难免，敬请专家和同行给予指正。

编 者
2016年3月

目录

项目一
服装色彩的认知及训练

任务一　服装色彩的基本概念及特性 ……………………………… 002
任务二　服装色彩的研究现状 ……………………………………… 007

项目二
色彩的基本原理及应用训练

任务一　色彩自然法则的认知 ……………………………………… 018
任务二　色彩的感知 ………………………………………………… 024
任务三　颜色体系 …………………………………………………… 032

项目三
色彩组织及应用训练

任务一　色彩的对比与调和 ………………………………………… 042
任务二　设计配色 …………………………………………………… 049
任务三　色谱化 ……………………………………………………… 065

项目四
色彩的情感与服装色彩意象及应用

任务一　色彩的情感 ………………………………………………… 070
任务二　服装语言解读 ……………………………………………… 080
任务三　服装色彩意象 ……………………………………………… 089

项目五
服装色彩设计是"以人为本"的再创造

任务一　服装色彩的"真、善、美" 097
任务二　"以人为本"的服装色彩社会化和个性化因素 103
任务三　服装色彩设计"以人为本"的内容 108

项目六
服装色彩的设计方法及应用

任务一　服装色彩形式美的内容 119
任务二　服装色彩的设计方法 125
任务三　服装色彩设计的效果与评估 153

项目七
流行色在服装色彩设计中的应用

任务一　服装与流行色 160
任务二　流行色在服装中的应用 164

项目八
服装色彩的企划过程及应用

任务一　服装色彩的企划过程 172
任务二　成功品牌服装色彩设计案例分析 178

附录
世界著名服装设计师简介

参考文献

项目一
服装色彩的认知及训练

学习目标

1. 通过对服装色彩概述的学习与训练，掌握服装色彩的基本概念和特征。
2. 了解服装色彩的研究现状。

项目描述

色彩是服装设计中三大要素（色彩、款式、面料）之一，是服装设计的灵魂；纵观古今中外的服装历史演变，色彩在其中扮演了重要的角色。尤其是在现代成衣设计中，人们越来越重视服装色彩对穿着者整体形象的影响；使设计对象能给欣赏者带来冲击力和影响力，彰显自己的个性，从而实现自己的着装目的。瑞士色彩艺术教育家约翰内斯·伊顿在《色彩艺术》中说："只有热爱色彩的人才能真正领会色彩的美及其内涵。色彩可供所有的人使用，然而只向热心研究的人显示其更深的奥秘。"可见，要想实现对色彩灵活、巧妙地应用，就必须对其做充分的研究和探讨。

本项目重点任务有两项：任务一，服装色彩的基本概念及特性；任务二，服装色彩的研究现状。

服装色彩

任务一 服装色彩的基本概念及特性

任务分析　服装色彩的基本概念及其含义

服装色彩是服装设计中的重要内容，它是在服装款式和面料的基础上，利用色彩的基本属性和调和对比、色彩的搭配，使服装设计更加完美、更加完善。它既有形象的直观性，又有审美意识的思维性，既有创作者的主观性，又有色彩原理的客观性。

服装的概念十分宽泛，不仅包括衣服的内外衣、上下装，还包括鞋、帽、丝带、丝巾、首饰、包等各种服饰配件。在众多的服饰配件中，如何选择适合自己的配件，如何选用适合自己的色彩，已成为服装从业者的研究课题。服装色彩设计包括：服装色彩的基本原理，色彩的轻重、冷暖、面积大小、浓与淡、鲜与灰等；甚至包括了服装色彩的诸多心理因素，如服装色彩的感觉、知觉，服装色彩的注意、联想与想象，服装色彩的情感等。

相关知识与任务实施　服装色彩的特性及运用

（一）服装色彩的少色性

服装色彩的应用和设计强调的是少色性，而不应像其他绘画艺术一样，颜色越丰富越好；服装色彩的设计尽量简洁、明快；一般男、女装以不超过三四种颜色为宜（如图1-1）。

图1-1　服装色彩的少色性

（二）服装色彩的流动性

服装色彩的流动当然不是指颜色在流动，而是指穿着者的着装状态在运动，服装的T（time，时间）P（place，地点）O（object，场合）原则是指：着装者在不同时间、不同地点、不同场合的着装状态，也就是服装色彩的环境因素（如图1-2）。

图1-2　男装色彩的流动性变化

（三）服装色彩的气候性

人们着装的颜色也会随着气候的改变而变化，目的是让不同颜色的面料反射或吸收阳光，来保护人体。处于热带、亚热带的地域，服装的色彩以浅色、艳色居多；处于温带的地域，服装的色彩多趋向于中明度、低纯度色彩的变化；处于寒带的地域，服装的色彩多趋向于深色调的变化。尤其是现代成衣设计中，服装色彩的更替要提前几个季度来预测，制定方案（如图1-3）。

图1-3　不同的气候条件，着装者的色彩偏爱也不一致

（四）服装色彩的流行性

"流行性"是现代成衣设计中的重要内容，是人们追求时尚、追求前卫的指南针。流行是有周期性的，一般以每5年、10年或更短的时间段为单位，服装色彩更是如此；在时装发布会上，对服装色彩的宣传和夸张，目的就是要制造流行氛围（如图1-4）。

图1-4　每年的巴黎春夏时装周，设计师的作品总是引领着时尚潮流

（五）服装色彩的立体性

服装色彩是依附于面料之上的，服装是一种"软雕塑"。面料成型后，穿在人体上，服装色彩也由平面状态转变成立体状态，由原来的一维变为多维的立体造型。因而，服装的色彩美可以从全方位的角度来审视，立体裁剪也是整体、协调观赏服装色彩立体美的方式之一（如图1-5）。

图1-5　服装色彩的立体塑造

（六）服装色彩的时代性

古今中外，服装色彩都随时代的变化而变化，特别是封建社会，服装色彩常有浓厚的等级区别，某些固定的颜色成了统治阶级的专用色。当今社会，人们的着装观念彻底改变，服装色彩更是空前繁杂；所以，我们应该用发展的眼光去看待服装色彩的变化（如图1-6）。

图1-6　服装色彩的时代性变化

（七）服装色彩的宗教、礼仪性

宗教与礼仪是社会上的意识形态和伦理道德的概念，但它们所形成的服装色彩却有严格的厘定和界限。不同地域、不同文化、不同种族、不同信仰的社会群体，对服装色彩的理解也不一致。如印度、阿拉伯国家的着装方式等（如图1-7）。

图1-7　服装色彩的宗教性

（八）服装色彩的民族性

世界各国，民族众多，各民族都有本民族独特的着装方式和服装色彩。自然环境、生活方式、风土人情等方面，潜移默化地影响着服装色彩；有的色彩对于一个民族是吉祥色，但在其他民族则是忌色。"只有民族的才有世界的"，可见，立足于本民族的服装色彩设计，才能在世界上占有一席之地（如图1-8）。

（a）我国藏族服饰色彩艳丽而质朴

（b）阿拉伯国家妇女的传统服装色彩

图1-8 服装色彩的民族性

任务小结

作为一名服装从业人员，对服装色彩的把握和灵活运用是最基本的前提。在服装色彩的素材收集方面，虽然凭借感性的成分很重，但理性的分析与筛选，更是我们设计成熟的一种能力表现。服装色彩设计不同于其他艺术设计领域的色彩，更不同于纯艺术绘画的色彩运用，它虽然没有固定不变的规律，但也有其科学性、规律性的一面。只有把人们的审美需求转变为现实，才能使我们观赏美的层次更上一个台阶。

总之，服装色彩设计是服装研究领域和其他设计研究领域交叉的新兴边缘学科，它不仅需要自上而下的历史研究，而且要有自下而上的实践论证，它是人、社会、自然的和谐因素。

三者的关系见图1-9。

图1-9 人、社会、自然的关系

项目一　服装色彩的认知及训练

> **知识拓展**

　　色彩是服装设计的重要因素之一，是大自然对人类的恩赐。大千世界，五彩缤纷，为我们设计人员提供了无穷无尽的设计源泉。服装色彩的设计和学习同样涉及诸多内容，除了色彩的基本原理和心理机制以外，还包含了政治、文化、地域、社会、民族、经济等要素。服装色彩要结合设计中的其他两个要素，即面料和款式进行综合设计，既要考虑面料的特性和肌理效果，又要顾及款式的形体塑造。服装色彩还要与人的穿着场合、穿着时间、穿着地点相协调，即充分考虑到服装色彩的整体设计。更重要的是，服装色彩要适应市场，市场需求什么样的色彩，我们就应该设计什么样的色彩，否则，服装的色彩与设计脱离市场，无人问津，只能孤芳自赏。一方面，服装色彩是自然科学的研究范畴，即服装色彩的基本物理性能；另一方面，服装色彩又属于人文科学的研究范畴（如图1-10）。

图1-10　张肇达绘画作品与服装效果图

任务二　服装色彩的研究现状

> **任务分析**　服装色彩的实用性与创意性

　　日常生活中的服装色彩注重的是实用性，强调的是与周围环境色彩的适应、协调。如果在特定的工作环境和场所，穿戴一身得体的服装，会使穿着者显得稳重大方，有气质、有内

服装色彩

涵。相反，穿戴不合体、色彩搭配不协调，会给人以不良的视觉印象。可见，服装色彩在现实生活中对人的影响是很大的；从服装心理学的角度来看，穿着者很注意观赏者的色彩评价和色彩反应，所以，人们在各种不同的社交场合，根据不同的工作需要，来选择不同的服装色彩。

所谓的创意性是指在实用的基础上利用艺术的、夸张的手法来渲染设计意图，以完成所要表达的目的和效果。创意性的服装色彩多出现在时装发布会、时装秀、广告宣传、舞台戏剧服装中；主要是运用色彩的搭配、调和、对比等形式法则，使服装的色彩表现力比日常生活中的服装更加绚丽、引人注目，以达到设计者、生产商引领时尚潮流的目的。创意性的服装色彩设计追求的是意识形态、设计理念、视觉冲击力，是一种唯美思想，和谐主义；是人们基本的生理、心理需要与深层次情感需要的理想冲动和情感升华。

相关知识与任务实施

（一）实用性服装色彩的实施

1. 季节方面的体现

一年四季、春夏秋冬，不同的季节应选择不同的服装色彩。一般情况下，在春季，人们多习惯性地选择一些与季节相协调的浅色、粉色系列，在夏季多选择明度高的色彩系列；在秋季则宜选择一些棕色、黄褐色系列，显示出一种收获与成熟的意味；冬季多选择一些明度低、偏暖的色彩系列。但在经济高度发达的今天，很多服装的色彩搭配已经没有明显的季节区分，"二八月，乱穿衣""穿衣戴帽、各有所好"。人们更多追求的是个性的表现，自我实现的需要。所以，现在街上的流行色已打破了服装色彩的季节性；个性的表现，进一步激发出了实现自我的强大推动力量（如图1-11）。

（a）春装图例（温文尔雅的淑女装色彩）

（b）春装图例（柔和的上衣与亮丽条纹裙的抢眼搭配，突出层次感）

（c）夏装图例（韩国的服装注重色彩的搭配，年轻人显得更加青春靓丽）

（d）每年度的流行色预测与发布引领服装色彩的变换

（e）街头时尚色彩富有生动感和随意性

图1-11　服装色彩的季节性

2.品牌服装的商业运作体现

作为商品的品牌服装,无论是在设计过程还是加工过程,都凝聚着设计者和加工者的劳动和心血,服装产品本身就是一件件精美的设计作品。每个季度商家推出的系列产品,都是按照国家标准号型来生产的,一般情况下,每个系列至少不少于3个号型,每个号型一般不少于3个颜色;目的是让消费者根据自身的色彩、喜好来选择适宜的色彩。在超市或专卖店都有不同的挂件与组合,有的品牌服装场面很大,讲究购物环境;每个号型的颜色都有5～6种之多,可以满足不同色彩偏爱的消费需求;橱窗设计更不容忽视,它是服装品牌对外展示产品的窗口,是消费者了解产品的时尚前线(如图1-12)。

(a)POZO服饰展览设计

(b)OMSER服饰的橱窗展示设计

（c）Pasaco服饰陈列设计

图1-12　品牌服装展示

（二）创意性服装色彩的实施

1. 社会群体性的体现

社会群体性的服装色彩创意多出现在大型活动、集会场景，如大型运动会的开幕式和闭幕式、歌舞晚会、时装发布会等。活动的内容要有主题，服装色彩的创意也要围绕这个主题进行规划、设计。群体性的服装色彩创意一般为大系列的设计，设计者应该具有宏观的色彩组织和调控能力，以便激发参与者和观赏者的参与激情和观赏热情（如图1-13）。

（a）歌舞《大地情结》服装色彩组合

图1-13

(b) pierre cardin 06/07秋冬时装发布会

(c) 南非在欢迎"世界可持续发展首脑会议"上的服饰歌舞表演

(d) 系列服装的色彩具有群体性的特点

图1-13 社会群体性的服装色彩

2. 学院派的理念创意性的体现

学院派的创意性设计，侧重于艺术效果和思想理念；寻找不同的生命意境，拥有原创的感性与张力。主张"时尚·色彩·材料"相结合，拓展主题的延伸性，把方法与创意的结合作为设计的优化元素，配合实验性和先锋理念，强调设计方法的辐射思维、逆向思维的形式（如图1-14）。

（a）澳洲女歌手凯莉·米洛的服装：黄金胸衣创意

（b）吴海燕的时装作品

（c）巴黎春夏时装周上Hussein Chalayan的创意设计

图1-14　学院派与时装秀的创意性服装色彩设计

3. 市场运作的宣传性体现

在产品批量化生产的今天，很难通过产品的性能和质量来分辨产品的好坏。一件衣服没有经过长时间的试穿，我们很难判断它的色牢度、定型性、耐洗性，越来越多的商家追求产品的包装和宣传，聘请专业的媒体策划公司进行色彩计划和设计，目的是突显产品的视觉冲击力，让消费者加深印象，扩大产品的知名度。各个服装品牌的形象代言人就是市场运作宣传的有效方式，即"名人效应"（如图1-15）。

（a）GUCCI时装品牌的市场形象宣传

（b）VERSACE 的时装广告色彩神秘而高贵

图1-15　品牌服装的市场宣传

任务小结

服装的两大功能是实用、审美功能。服装色彩是服装设计的主要因素，理所当然服装色彩的实用性也是最基本的性能。在日常生活中，服装与人的关系最密切，"人生归有道，衣食固其端"，"衣、食、住、行"、"衣"为首；"远看颜色近看花"。可见，服装色彩对人的感官刺激和冲击力是很大的，我们日常生活中的着装种类不同，有职业装、运动装、休闲装等，根据用途不同，它们的颜色也有很大的区别。例如设计猎装，就要考虑与大自然的色彩相协调;军队的迷彩服,要考虑它的隐蔽性;但有的服装则需要对比强烈的色彩,如消防服、登山服等,颜色很艳丽、很刺眼,这与着装者工作环境的安全性相一致(如图1-16)。

图1-16　服装的色彩要与着装环境相一致

知识拓展　目前我国服装色彩的大体分布概况

我国少数民族众多,服装色彩的分布情况也很复杂。各地男、女的形体气质与生活习性差异甚大,人们对色彩的喜好也不一致,北方人多参照西欧和北欧服装色彩风格;西北人似乎更贴近俄罗斯风格;江浙一带人们的着装色彩与日本、韩国衣饰的气质相近;广东沿海地区,更多的是沿袭了港澳台的服装色彩风格;西南地区的服装色彩风格更受沿海地带的影响。我国的纺织服装机构早已建立权威性的流行色预测部门,并且要把北京建成世界级的时装之都,从20世纪80年代至今,我国自北向南已自然地形成了以哈尔滨、北京、上海、广州、武汉等各大城市为中心的服装流行与销售网络。以下是我国自北向南服装色彩的大体分布概况。

① 以哈尔滨、大连为中心:多以明度适中或偏深的色彩系列居多,如炭灰色、银灰色、紫褐色、钴蓝色、深赭灰色、深驼色等,但也多有时尚的鲜亮颜色。

② 以北京为中心:多以深灰色、低明度的色彩系列为主,如藏蓝色、深紫色、深驼色、深橄榄绿色等,无彩色黑白灰也居多。

③ 以上海为中心:多以中明度的色彩系列为主,如银灰色、淡玫红色、淡黄绿色、浅蓝色、赭绿色等。

④ 以广州为中心:以明度高、纯度高的色彩系列为主,如白色、品红色、粉红色、嫩黄色、淡黄绿色、淡蓝色、浅淡玫红色、浅灰黄色、鹅黄绿色等。

⑤ 以武汉为中心:多以中灰明度的色彩系列为主,如浅玫红色、绿黄色、淡紫色、浅蓝色、浅赭绿色、灰绿色等。

教学与实践评价

项目训练目的：

通过服装色彩的基本概念及特性的任务实施，掌握服装色彩的研究现状，突出服装色彩的实用性与创意性。

教学方式：

1.教师利用课件进行多媒体教学。

2.教师组织学生对项目内容进行课堂讨论，并对讨论结果给予总结、点评。

教学要求：

1.掌握服装色彩的基本概念及其特性。

2.搜集相关资料，写出实用性、创意性服装色彩现状分析的市场调查报告。

实训与练习：

结合任务二，对所属地域的服装市场进行调研，并做出服装色彩的季节性分析、消费者的爱好与需求分析。

▶ 微 信 扫 码 ◀
1.市场定位

▶ 微 信 扫 码 ◀
2.服装分类方式

项目二
色彩的基本原理及应用训练

学习目标

1. 了解色彩生成的自然法则，理解色彩感知的基本原理。
2. 理解颜色系统的基本原理，掌握蒙塞尔颜色系统对颜色的分类和标示方法。
3. 通过对色彩基本理论的讲解与验证，理解色彩的基本原理，为今后的设计实践奠定相关的色彩理论知识。

项目描述

色彩的基本原理是我们从事色彩设计的基础和保障，它包括色彩的自然法则、色彩的感知原理以及颜色系统等内容。同时，为了充分利用各种有色光和彩色颜料，艺术家们长期以来也一直在寻找能够帮助他们理解色彩的多样性的理论框架，这些理论框架着眼于视觉色彩现象与色彩关系的研究方面，历史上曾经出现过许多试图揭示色彩之间同异关系的学说，也为我们研究和探讨色彩的基本原理提供了强有力的理论和实践基础。

本项目重点任务有三项：任务一，色彩自然法则的认知；任务二，色彩的感知；任务三，颜色体系。

服装色彩

任务一　色彩自然法则的认知

任务分析　色彩感知是自然法则的属性

人类的周围世界是一个丰富多彩、纷繁复杂和永远变化着的世界——光线明暗交织、景色绚丽多彩、物体形状各异等。人类认识外在世界的信息80%是通过视觉提供的。视觉信息是人的主要感觉来源。视觉器官——眼睛——接受外界的刺激信息,并由大脑对这些信息进行解释,形成外界事物的知觉形象,产生对外界事物的认识。

相关知识与任务实施

(一) 光线色彩

人的视觉系统的适宜刺激是一定波长范围内的电磁辐射。人眼所能看到的这部分电磁辐射叫做光,又叫可见光或光辐射。按波长顺序排列的全部可见光组成可见光谱。但是,要引起人的视觉,光辐射还必须达到一定的强度,而且它的作用效果也与人的视觉系统的特性有关(如图2-1)。

图2-1　电磁辐射与可见光

1666年英国科学家牛顿做了一个实验,他把卧室的窗子戳了一个小洞,让一束阳光进到屋子里来。然后在光路上放一个棱镜。这时棱镜就把太阳光分散成了彩色光带(日光光谱)。他把光谱投射到屏幕上,这块屏幕上有一条小缝,它只许一种色光通过,把通过小缝的这种色光投射到白纸上,就得到了一个单色光。移动这块屏幕,就可以观察到通过小缝的各种颜色的单色光。如果把第二个棱镜再放到单色光的光路上,它就不能再把单色光分散成一条光谱了。而且牛顿观察到：当蓝光通过小缝又通过第二个棱镜时，它所折射的角度较大；而红光通过第二个棱镜时，它所折射的角度要比蓝光小得多。牛顿又用一个透镜把经过第一个棱镜获得的光谱上的各种颜色光聚焦在一个屏幕上，成为一个白色光点，这个光点便是由光谱上所有颜色光重新混合而成的，它和入射的太阳光相同。通过这些实验，牛顿总结出两个结论：①日光是不同颜色光混合的结果；②作为白光成分的单色光具有不同的折射角度（如图2-2、图2-3）。

图2-2　棱镜分光实验示意图

图2-3　日光光谱

牛顿又进一步做了颜色光混合的实验。他让日光通过两个棱镜产生两个光谱，在两个光谱前边各放一块开有小孔的挡板，使每个光谱通过小孔射出一种颜色光，再让这两个光束相互交叉。牛顿把一张白纸放到交叉点上，这时白纸的那一点上产生的颜色就是两束颜色光的混合。这种混合来自于光谱上的两个颜色光同时作用在眼睛视网膜上，即叠加在一起产生的，所以这种混合称为相加的颜色混合。牛顿发现，光谱上两种颜色光混合会出现一种新的颜色。例如，绿光和红光混合会出现黄色；黄光和红光混合会出现橙色，而且在光谱上能找到这个颜色，它位于红色和黄色之间。光谱上临近的两种颜色光混合而产生的新颜色，一般来说处在光谱带上两种被混合颜色光的中间，称为中间色。例外的是，在光谱带上相距很远的两种色光混合后所产生的新颜色可能是灰色或白色，牛顿称这种混合色为"淡薄的无名颜色"，或叫做中性颜色。光谱带两端的红光和蓝光混合会出现一个光谱上找不到的新颜色——紫色，叫做非光谱色。

牛顿把不同颜色的粉末撒在一张白纸上，也获得了和相加的颜色混合同样的结果。近现代网点复制彩色技术就是运用这个原理而产生的。把不同颜色的小点密集地印刷在白纸上，可以获得颜色混合的效果而产生另外一种颜色（如图2-4）。图版是在白纸上印刷了密集的红色和绿色小圆点，如果我们

图2-4　颜色混合点（颜色的空间混合）

服装色彩

图2-5　放大镜下的胶版印刷网点

离开一定的距离观察时，圆点就看不清了，而圆点的两种颜色却会在视网膜上混合而产生一个中间颜色。这种颜色混合的方法也为彩色电视机所利用。电视机（CRT显像管）的屏幕内涂有密集的红、绿、蓝三色荧光粉，受电子束激发显色，在一定距离观察时，这些色点就会在视网膜上混合产生出混合色来。图2-5为放大镜下的胶版印刷网点。

在牛顿上述实验150年以后，麦克斯威尔（Maxwell）又用旋转圆盘进行了颜色光混合的实验。他把并置有不同颜色的纸盘，放在一个轮子上快速旋转，也得到了颜色混合的效果。其基本原理是：当两个圆盘互相交叉（每个颜色在圆盘上所占的比例可以调节），放在电机上快速旋转，并用白光照射旋转的圆盘时，观察者视网膜上某一点，一瞬间接受红色光部分的光刺激，紧接着又接受黄色光部分的光刺激，由于光刺激消失后眼睛对任何一个刺激的反应都能够维持一段时间，所以红和黄两种刺激的效应便会混合起来。颜色光一经混合后，眼睛就无法分辨出其原来的成分是什么了。混合后圆盘的颜色是由参加混合的颜色的扇形比例决定的（如图2-6）。

颜色光混合的另一个特点是色光可以互相替代。我们用一个蓝色灯光和一个黄色灯光同时投射到一块幕布上，可以获得白色的感觉。假如我们没有黄色光，而有红色光和绿色光，由于红色光和绿色光混合可以产生黄色光，因此我们就可以用红色光和绿色光的混合来代替黄色光，再与蓝色光混合，照样可以得到白色光。颜色光混合的一个重要原则是：只要外貌上相同的色光，不管它原来组合的成分是什么，在视觉系统上所产生的效应都是相同的。无论是光谱上的单色光的混合，印刷密集的色点所产生的颜色混合，或是由快速旋转的色盘出现新的颜色，由于都是不同色彩光线的叠加在人的视觉系统中相互混合而造成的，所以其混合效果基本上是相同的。它们都是相加的颜色光混合方法（如图2-7、图2-8）。

图2-6　Maxwell的颜色混合示意图

图2-7　色光可以相互替代

图2-8　三原色光加色混合示意图

在过去，所有关于色光混合的实验都需要将光线重叠地投射在墙壁上，因而作为色彩的基础来源——光，很少成为人们注目的焦点，艺术传媒中对各种光的利用微乎其微。然而在充斥着现代科技的今天，色光的世界已经成为我们手中散发着光亮的调色盘，人造光线在视频艺术、电脑图像、激光艺术、多媒体和全息摄影术等领域中扮演着重要的角色。彩色显示器、摄像机、数字相机、扫描仪等等都工作在基于加色原理的色彩模式下。人们在彩色显示上使用电子电路技术使三基色荧光粉模拟出RGB=1：1：1的理想白场环境。在这样的无大气干扰境界的RGB平衡环境下，RGB图像能将自然界里万物丰富的色彩模拟记录下来（如图2-9、图2-10）。

图2-9　基于加色法的数码摄像机成像原理

图2-10　放大镜下的液晶显示屏

（二）物体色彩

在我们周围，每一种物体都呈现一定的颜色。物体表面被观察到的色彩（物体色）所产生的作用和自发光体中被观察到的色光（光线色彩）的作用是不同的。在日光或其他入射光线接触到物体表面时：一部分波长被物体吸收；一部分波长被物体反射；或一部分穿透物体，继续传播。而被反射的波长混合成观察者所能分辨和看到的色彩。所有物体之所以能呈现不同的颜色，是因为组成物体的分子和分子间的结构不同，对入射的可见光谱中的某些波段吸收和另一些波段反射，即有选择性地吸收和反射所致，"吸收"的部分色光，也就是减去部分色光。物体的基本颜色特征是固有色，但由于光源色与环境色的影响使物体表面的色彩丰富多变。在特定的光源与环境下，物体呈现的颜色称为条件色。每一物体的颜色都是物体的固有色与条件色的综合体现（如图2-11）。

图2-11　物体对色光的吸收与反射

在光的照耀下，各种物体都具有不同的颜色。其中很多物体的颜色是经过色料的涂、染而具有的。凡是涂染后能够使无色的物体呈色、有色物体改变颜色的物质，均称为色料。色料可以是有机物质，也可以是无机物质。色料有染料与颜料之分。色料和色光是截然不同的物质，但是它们都具有众多的颜色。

印染染料、绘画颜料、印刷油墨等各种色料的混合或重叠与光的混合属于不同的过程，它们的混合都属减色混合。黄色光与蓝色光混合产生白色，是两种波长的光线同时作用到视网膜上的相加过程。而黄色和蓝色色料混合则不会产生白色，而产生绿色。因为黄色色料主要反射光谱上黄色和邻近的绿色的波长，而吸收蓝色和其他各种颜色光，是一种相减过程；蓝色色料主要反射蓝色和邻近的绿色的波长，而吸收黄色和其他各种颜色光，这也是一种相减过程。当黄色与蓝色色料混合时，二者都共同反射绿色带的波长，其他波长或被黄色色料吸收、或被蓝色色料吸收，所以混合的结果是绿色。当两种以上的色料相混或重叠时，相当于照在上面的白光中减去各种色料的吸收光，其剩余部分的反射光混合结果就是色料混合和重叠产生的颜色（如图2-12）。

图2-12　三原色料减色混合示意图

从色料混合实验中人们发现，能透过（或反射）光谱较宽波长范围的色料青、品红、黄三色，能匹配出更多的色彩。在此实验基础上，人们进一步明确：由青、品红、黄三色料以不同比例相混合，得到的色域最大，而这三种色料不可能通过其他色彩混合而得到。由于这种特性将它们定性为色料中的原色（一次色）。在色彩设计和色彩复制中，有时会将色料三原色称为红、黄、蓝（R、Y、B），这里的红是指品红（洋红），而蓝是指青色（湖蓝）。这三种颜料按不同比例混合，理论上讲可以混合出一切颜色。每两种色料原色混合可以生成色料的三间色（二次色）：橙色、绿色和紫色（也有称为蓝紫色）。这些间色与其相接近的原色混合会产生复色：红紫色、红橙色、黄橙色、黄绿色、蓝绿色和蓝紫色。如果我们从三原色开始进行混合，则会得到三种间色和六种复色，共计得到十二种色彩（如图2-13）。

图 2-13 通过三原色料混合得到间色、复色

任务小结

事实上，经过慎重选择的三种色光——绿色、蓝紫色和橙红色的不同混合能够生成人眼所能分辨的大部分颜色，但是却没有任何色彩的混合能够生成这三种色光，所以它们被称为原色。任意两种原色光交叠混合所生成的色彩：黄色、青色和品红色被称为间色。在色光混合中，间色的亮度要比原色的亮度高很多。白色是三原色光（RGB）在适当程度上混合而成的；黑色则是由于所有光线缺失而造成的。

三原色料可以混合出各种颜色，这是绘画或印刷中，用少数几种色料调制出各种色彩的理论依据。尽管很多色彩理论都指出所有的色彩都可以通过三原色的混合得到，可在实际生活中很多颜色是不可能通过这种混合而获得的。比如，在绘画的混色过程中，利用三原色来获得所有的色彩是不可能的；虽然有着先进印刷技术的帮助，可是任何一本书中的图片色彩仍然不能被称为是100%的精确。事实上，光线三原色理论要比色料三原色理论在现实中真实得多。

知识拓展

电脑技术的存在为美学领域的探索展现了一个能够进行各种快速、机械、准确的混色世界。在计算机图形中，色彩最浅的部位，是光线最集中的区域；色彩最深的部位，是光线相对最为分散的地方。夺目的黄色是经过混色而成的。如果以极近的距离，仔细观察电视机或电脑的屏幕，你会发现黄色是由一系列并置或重叠的橙红色和绿色的光点结合而成的（如图2-14、图2-15）。

图2-14　基于电脑技术的数字化电影作品

色料混合种类愈多，白光中被减去即吸收光愈多，相应的反射光量也愈少，最后将趋近于黑浊色（如图2-16）。

图2-15　计算机辅助服装色彩设计　　　　　图2-16　色料是减色混合

任务二　色彩的感知

任务分析　人眼的视觉特性

在国家标准GB/T 5698—2001中，颜色的定义为：颜色是光作用于人眼引起除形象以外的视觉特性。根据这一定义，色是一种物理刺激作用于人眼的视觉特性，而人的视觉特性是受大脑支配的，同时也是一种心理反应（如图2-17）。

图 2-17　人类色彩感知过程

　　人们所看见的色彩并不是简单的有着不同波长光线的物理作用，而是人类的感知系统对视觉刺激所作出的复杂反应的结果。对于人类色彩感知过程科学的解释，目前还处于一个非常初步的阶段。人类视觉的主要功能像是一部导航的设备：眼睛引导和控制着身体的运动、眼睛对进入视野的事物进行选择、眼睛帮助人成长和维持生命。眼睛也是一种工具：寻找食物，寻找爱情、喜悦和安慰。

　　外部世界的颜色不是像彩色的电影被投射在空白的银幕上那样投射到人类头脑中来的。我们所见到的图像（色彩）是通过光线形式传送的刺激能量在我们大脑中引起的主观感知。色彩是一种光的脉冲，刺激了我们内部的光明、黑暗和色彩世界。当我们做梦时，我们"看见"的图像和景色就是我们内部色彩感觉所创造的。除梦之外，在有意识的时候所产生的心理图像——包括回忆中的地方或人，以及都曾有过的幻想，也都是有色彩的。很多人对色彩的感知并不只限于视觉，他们甚至可以通过听觉和触觉来感知色彩的存在。不管是由梦或是幻想，还是来自外部世界的光线所引起的色彩，我们看到的所有色彩都是内部的生物色彩，是人类内部感觉的组成部分。

　　即便在眼睛里就已经进行了高度选择，但因为眼睛只能接收和对某些特定的信息作出反应，最终到达视网膜的光线必须经过大脑编码处理才能形成诸如色彩、深度、形状、运动、体积、质地等基本的视觉感受。

相关知识与任务实施　知觉上的色彩

　　我们在某一物体表面所看到的色彩并不仅仅取决于这个表面本身的物理刺激，还取决于同一时间呈现在它周围的色彩。物体本身的色彩和它周围的色彩的相互作用，能影响被看表面的色相、明度、饱和度和冷暖（如图 2-18～图 2-20）。当被看的色彩向它周围色彩的对立方向转化，即向周围色彩的补色方向变化时，叫做色彩的同时交互作用或色彩对比（色彩的同时对比作用）。例如，红色背景上的灰方块被看成是浅绿色的；反之，绿色背景上的灰方块被看成是浅红色的。被看色彩很少会向与周围色彩一致的方向变化。当在一个颜色（包括灰色）的周围呈现高亮度或低亮度刺激时，这个颜色就向其周围明度的对立方向转化，这叫做明度对比。例如，白背景上的灰方块呈浅黑色，而黑背景上的灰方块则呈白色等。上、下、左、右的环境是色彩感觉中最具影响力的参考框架。同一色彩范本，放在不同的参照环境中看，就有明、暗、鲜、灰的差别（如图2-21～图2-23），围巾、腰带、毛衣配上某个颜色会显得花哨而刺眼，配上另一件衣服就会显得美观大方。时装、纺织品设计、广告设计等领域的设计艺术工作者不断面临色彩关系巧妙平衡的问题。

图2-18　中间的两个小色块物理刺激值完全相同，但是由于相邻颜色的不同，左侧的看起来偏红，右侧的偏青

图2-19　中间的两个小灰色块物理刺激值完全相同，浅灰背景下的看起来要比深灰背景下的深暗

图2-20　物理刺激值相同的三个圆形色块，由于背景色不同，看起来左侧的明亮，右侧的深暗，中间的偏暖

图2-21　红、绿、蓝的物理刺激值不变，在色彩同时对比作用下呈现出不同的色感

图2-22　这条被子重复使用几种相同的色彩，在变化的背景下取得了令人惊讶的丰富感

（作者：丽达·纽曼，美国，2002年，多结亚麻布）

图2-23　这块百纳织物丰富的色彩变化因重复使用几种相同的色彩而造就

（作者：佚名，中国，明代，丝绸）

  对比效应在视觉中有重要的作用。人们往往会说一个黑色物体没有光，实际上这种说法是不对的。因为物体被看成黑的还是白的，往往并不取决于它反射到眼睛里的光的数量，而取决于它和背景所反射的光的相对数量，即对比因素。一块煤在阳光下单位面积所反射的光

可以比一张白纸在暗处高1000倍，但我们却把煤看成是黑的，而把纸看成是白的。这说明我们把一个物体的颜色看成是白的、灰的或黑的，是由这个物体与周围物体的相对明度关系决定的。同样，在同时对比的作用下，每一个号称中性的灰都会带有某种色彩倾向，从而产生彩色的感觉。如果收集起所有你能找到的各种白色的话，你会发现它们都是带有彩色倾向的，一些倾向于黄，一些倾向于蓝。同样情形，各种各样的黑色也是如此。因此，色彩感觉可以说是对整个环境关系的感觉，环境情况层出不穷，但它们的相互关系始终不变，色彩是各种对比和人的知识经验等共同作用的结果。

当光源的光谱成分发生变化时，人们周围的物体的颜色在一定程度上看起来却保持不变，色彩知觉的这种特性称为色彩恒常。例如，室内不管由白炽灯的黄光或荧光灯的偏蓝色光照明，甚至戴上有色眼镜，书页纸看起来都是白色的。这说明人眼所看到的物体表面的颜色，并不完全取决于刺激的物理特性和视网膜感受器的吸收特性，也受周围参照物的影响。在人的大脑视觉皮层存在着某种感知系统，与眼部视网膜上的色彩感应系统相呼应，起着比较物体自身和物体周围色彩信息的作用。可以说色彩感觉关系的本质是在整体比较中作出的判断和调整。初学绘画的人往往不理解这一本质，代之以色彩的恒常性为基础的色彩（往往是固有色，甚至是概念色，比如绿的画草、蓝的画水等），尽管每种选择并没有错，但其结果既不协调又不可信。色彩恒常性在孩子时代就被一再重复灌输：彩色图画书、彩色识字卡，成人们的叮嘱：把树涂上绿颜色，把天画上蓝颜色，把汽车涂成红颜色。学生们因此不再对视网膜上的色彩刺激敏感，他们对周围环境的实际色彩的感受受到了抑制，总是把物体看成预期的颜色，具体而鲜活的色彩变成了分类命名后的概念色（如图2-24）。

图2-24　在白色日光中表现出黄色的柠檬，在红色日光中仍然表现出黄色
（这是因为它周围的一切色彩也以同样的程度靠近了红色）

当人们盯着一点色彩看时，就会在头脑中诱导产生另一种色彩映象叫做后像（余像），当我们目不转睛地盯着一个蓝点看上大约30～50s，然后转向注视一张空白的纸上，就会看到一个黄色的后像。同样，目不转睛地盯着黄色看上一会儿，会看到紫色的后像。这种后像现象也被称为连续对比（如图2-25、图2-26）。后像现象经常发生在我们的视觉感知中，但很多时候我们可能意识不到。如果你对一位穿着艳丽的人注视几分钟，你会发现在你将视线移开之后，视觉中会出现以类似于补色出现的"他/她"的身影。

项目二 色彩的基本原理及应用训练

图2-25 黑色的后像

开始时盯着左面黑色圆约30s，然后将视线移至右侧方框的白色区域，出现的后像是像黑圆一样大小的明亮的白色圆形

图2-26 彩色的后像含有色相

开始时盯着蓝色约30s，然后将视线移至右侧方框的白色区域，出现的后像是黄色圆形

　　连续对比这种现象的结果是每一种色彩都能使人联想到另一种色彩，直到所有光谱色循环一遍。紫色的刺激可使我们看到绿色的后像；绿色的刺激可使我们看到红色的后像；红色的刺激又可产生蓝绿色的后像；蓝绿色又会产生橙色的后像；橙色最终又产生了比原先整个循环中更淡的蓝色。这些后像颜色与光谱色有非常接近的关系，但是作为生物体内部的色彩形式出现的。和静态关系的色相环上的补色对比相比较，后像色彩以非常强有力的方式在互相增强。比如，在一个蓝的底色上，一小点的黄色就会产生剧烈的颤动，因为黄色是蓝色的后像——在某种意义上蓝色产生了黄色。但是，在一个黄的底色上，一小点蓝色就不会产生相同的颤动性，因为黄色力求产生紫红色作为它的后像。同样，在一个紫红底色上的一小点黄色不再像绿色那样艳丽——因为紫红色需要绿色作为它的后像。以此类推，绿底上需要一小点红色，红底上需要一小点蓝绿色，蓝绿的底上需要一小点橙色（如图2-27～图2-29）。

图2-27 此图集中表现了物体、眼睛和大脑的交互作用

如果注视黄色圆圈中心的小黑点30s，再将视线突然转移到白色方块中心的小黑点，得到的不仅仅是明亮的蓝紫色圆形图形，还有更显著地出现在圆形图案之间的黄色钻石形图案

图2-28 图-地交界浮现出来的幻象

一个无色灰方块上布满了更小、更暗的网格，如果眼睛紧盯着小格子的交界处，会注意到明度介于图、地之间的圆形灰色块幻象浮现出来。用两种色彩代替无彩色，图-地交界浮现出来的幻象明度介于两者之间，色相结合了浅蓝色和橙色

029

服装色彩

图2-29　在注视这幅黑白作品一定的时间后，彩色的视觉幻象会随之出现
（作者：布里奇特·莱利，《波浪》，1968年）

任务小结

　　眼睛不是一个无声的机械装置，绝不像照相机镜头的能力那样平常，它是一个连接内外两个世界的感受器官。眼睛的所有作用就是有意图（意义、含意）地探索：在观看时，眼睛竭力地找出一个物体的轮廓和形状（色彩则会在我们没意识到的时候就已经作用于我们的知觉），为的是判断它是否具有威胁，或是一件有用的工具、一个障碍物、一样美丽的东西、一件喜爱的物品，或是一样无关紧要的物体等。进入视野中的每一件事总是不时地被注意和扫描着。对物体是否要加以进一步的注意，取决于观者当时的需要以及他对物体价值大小的衡量。

　　从种种色彩视觉现象来看，光线的刺激因素还确定不了色彩知觉，视网膜的作用不过是复杂的内在情况的起点罢了。我们把色彩的感觉与知觉作为人的心理过程中的认识过程的一部分来看待更为合理。

知识拓展　人类的眼睛

　　人类视觉的基本功能是感受外界的光刺激。人的眼睛是一个直径大约23mm的球状体（如图2-30）。眼球的正前方有一层透明组织，叫角膜，光线从角膜进入眼内。虹膜中央有一圆孔，叫瞳孔，瞳孔能够扩大和缩小以调节进光量。晶状体起透镜的作用，保证视像聚焦在视网膜上形成清晰的映象。视网膜位于眼球后部的内层，是眼睛的感光部分，有视觉感光细胞——锥体细胞和杆体细胞（如图2-31）。锥体细胞主要集中在视网膜的中央部分，即中央凹；而杆体细胞则主要分布在视网膜的外周部分。这两种细胞在视觉中的作用是不同的。锥体细胞的视敏感度非常高，能够分辨颜色，即在较高照度水平下，视网膜中央的锥体细胞能感觉红、绿、蓝三种色光；而杆体细胞不能分辨颜色，它对不同波长的光只能感觉到明度的差别，

而无色彩的差别。在光线到达锥体细胞和杆体细胞之前，它必须穿过一系列细胞神经层。只有大约20%到达视网膜的光线被具有光敏度的锥体细胞和杆体细胞所接受，而80%左右的光线不会被人眼看到。落在中央凹约3度视角这一小区域的光线给予视觉最为强烈的色彩感，这意味着我们只能在人眼正前方很窄的范围内感知到最精确的色彩。当我们观看作品细节时，会不自觉地移动眼球直到所研究的细节部分落入

图2-30　眼睛断面图

视网膜的中央凹。视网膜边缘的杆体细胞主要在黑暗条件下起作用，同时还负责察觉物体的运动。值得一提的是，当我们欣赏视觉艺术作品时，眼是一种注视式的活动，所以作品的大小面积在欣赏中也相当重要。

图2-31　锥体细胞和杆体细胞

人眼视网膜大约有650万锥体细胞和1亿杆体细胞，通过视神经与大脑进行沟通和交流。两眼所获得的信息被传送到大脑两侧不同的区域内，通过大脑将所有的信息综合之后得到一幅完整的图像，也就是说大脑得出形象。对这一复杂的过程我们目前还面临着很多未知。

任务三　颜色体系

任务分析　颜色体系与色彩视觉三特征

在人们认识周围世界时，颜色视觉给人们提供了外在世界更多维量的信息，又使人获得了美的感受。颜色视觉既来源于外在世界的物理刺激，又不完全符合外界物理刺激的性质，它是人类对外界刺激的一种独特的反映形式。颜色视觉是客观刺激与人的神经系统相互作用的结果。一定波长范围的电磁波作用于人的视觉器官，经过视觉系统的信息加工而产生色彩视觉。

颜色视觉有三种特性，每一种特性既可以从客观刺激方面来定量，也可以从观察者的感觉方面来描述。描述客观刺激的概念叫心理物理学概念；描述观察者感觉的概念叫心理学概念。

表示光的强度的心理物理学概念是亮度（luminosity）。所有的光不管是什么色相，都可以用亮度来定量。与亮度相对应的心理学概念是明度（brigtness）。

表示颜色视觉第二个特性的心理物理学概念是主波长（dominant wavelength），与主波长相对应的心理学概念是色相（hue）。光谱是由不同波长的光组成的，用三棱镜可以把日光分解成光谱上不同波长的光，不同波长所引起的不同感觉就是色相。例如700nm光的色相是红色，579nm光的色相是黄色，510nm光的色相是绿色等。正常眼睛能辨别出光谱上的不同色相可达一百多种。若将几种主波长不同的光按适当的比例加以混合，则能产生不具有任何色相的感觉，也就是白色。事实上，只选择两种主波长不同的光以适当的比例加以混合，也能产生白色。这样的一对主波长的光叫做互补波长。例如，609nm的橙色和492nm的蓝绿色是一对互补波长；575.5nm的黄色和474.5nm的蓝色也是一对互补波长。一对互补波长的色相叫做互补色。

颜色视觉的第三个特性的心理物理学概念是色彩纯度（purity），其对应的心理学概念是饱和度（saturation）或彩度。纯色是指没有混入白色的窄带单色刺激，在视觉上就是高饱和度的颜色。由三棱镜分光产生的光谱色，例如主波长为650nm的颜色光是非常纯的红光。假如把一定数量的白光加入到这个红光上，混合的结果是产生粉红色。加入的白光越多，混合后的颜色就越不纯，看起来也就越不饱和。光谱上所有的光都是最纯的颜色光。

光刺激的心理物理特性可以按亮度、主波长和纯度加以确定。这些特性又分别同明度、色相和饱和度（彩度）的主观感觉相联系。颜色可分为有彩色和无彩色（黑、白、灰）。如果一个光刺激没有主波长，这个光就是非彩色的白光，它没有纯度。然而，所有视觉刺激都有亮度特性。亮度是彩色刺激和非彩色刺激的共同特性，而主波长和纯度表示刺激是彩色的。表2-1表明了这些关系。

表2-1 光刺激的心理物理特性与其相关因素之间的关系

颜色类别	心理物理量	心理量
无彩色	亮度	明度
有彩色	主波长	色相
	纯度	饱和度、彩度

相关知识与任务实施

（一）平面颜色图

牛顿通过颜色混合的实验证实，一些颜色相混合可以产生新的颜色，某些颜色相混合可以产生中性颜色，还有一些颜色相混合可以产生非光谱色。他想用一个简单的模型把所有这些事实都概括进去，于是就创造了第一个关于颜色之间关系的颜色圆环（如图2-32）。牛顿的颜色圆环是一个用来表达颜色混合各种规律的示意图。圆环的圆周代表色相，圆环的中心代表白色——这是因为所有的颜色都被混合在一起了。他把圆周分成7个部分，这7个部分包括他在光谱带上所看到的基本颜色以及非光谱色，即红、橙、黄、绿、青、蓝、紫。牛顿认为这7个部分相当于一个音程中

图2-32 牛顿的颜色圆环

的7个音调。这样一个封闭的圆环模型，能使相似的颜色彼此靠近，可用来定性地预测各种颜色光相混合的结果，并能将由颜色混合而产生的非光谱色也表现出来。牛顿将注意力集中在光学现象上，而不是视觉色彩方面。这是最早的关于颜色圆环（色相环）的色彩理论，作为对不同颜色间的关系的一种较为准确的解释，至今仍被很多当代的美学理论家所采用。此后，德国诗人歌德从视觉现象出发，提出了他的色相环和颜色三角理论，用以证明颜色之间的视觉关系（如图2-33）。

图2-33 歌德颜色圆环和色彩三角

德国画家龙格第一次尝试建立三维颜色立体模型,曾任包豪斯设计学院教授的伊顿采纳并调整了这一颜色模型。作为既是科学家又是艺术家的美国人奥格登·洛德,对色彩的视觉作用进行了深入广泛的研究。他确定了区分不同颜色的三类主要变量:纯度(饱和度)、亮度(明度)和色相。通过一系列艰苦的实验,他证明了色料可以在视觉上混合生成某种明亮的混合色,就如同光线混合所能产生的结果一样。他在《现代色彩论》中写道:"钴蓝色和铬黄色线条并列能够生成白色或黄白色,但是不会出现绿色的痕迹;鲜绿色和朱红色在同等情况下则能提供暗黄色;而深蓝色和朱红色则会生成深红紫色。这种方法是艺术家们唯一能够实际用来混合不是单纯色料的光线色彩。"

(二)颜色体系

用一个两维平面图形只能表示出颜色的色相和饱和度的各种关系,而不能表示颜色间的明度关系。为了表示颜色的三种特性——明度、色相和彩度——就必须建立一个立体模型,这个立体色模型称为颜色体系。

一些国家按自己的颜色理论编制了各种颜色体系模式和标准实物样品,比如美国蒙塞尔颜色体系,PANTONE颜色体系,日本的PCCS颜色体系,欧盟的NCS自然颜色体系,以及国际照明委员会CIE色度学体系等。这些颜色体系历史悠久,广泛应用于国民经济的各方面并成为其国家进行颜色定量管理的基础,在颜色信息交流方面起着重要作用。我们对国际上常用的蒙塞尔颜色体系、CIE色度学体系和中国颜色体系加以介绍。

在洛德研究的基础上,颜色标准化专家美国人艾伯特·蒙塞尔更强调在观察得到的色彩作用事实结论基础上建立精确的逻辑理论,他在发明一种能够用于学校儿童教育的简单色彩理念支配下,发展出了一套相对精确的颜色分类描述法。这一理论第一次出现于他1905年出版的《色彩图谱》一书。这一套标准经过不断完善,至今仍是美国、日本、德国和英国的颜色分类的基础。

蒙塞尔使用了三个变量来描述色彩的变化:色相、明度和饱和度,将这三个变量分别置于三个轴上,就形成了色立体(如图2-34)。

明度变化用纵轴表示,位于色立体的中心。最上方是最明亮的白色(用10表示),而最下方是黑色(用0表示),从黑到白之间,以等明度差顺序配置成九个灰色,1至9编号分别表示黑、白之间不同的明度等级。其中1、2、3为低明度色域,4、5、6为中明度色域,7、8、9为高明度色域。

色相分布在圆周上,蒙塞尔背离了传统的三原色学说,他认为绿色、蓝色、紫色、红色和黄色是颜料的五原色,相邻两个原色相混合又生成五个间色——橙色、绿黄色、蓝绿色、紫蓝色和红紫色,加上五原色共有十种主要色相,把这十个主色相按圆周形式进行排列得到十色相环。在这些主要色相之间存在着众多的中间色相,为了

图2-34 三种特性决定色彩在空间中的位置

作更细的划分，每个主色相再分成10个等级。以红色（R）为例，用1至10的数字分别表示红色细分后的十种中间色相，其中5R代表红色的中心。其他9个主色相的任何一个都依此类推进行细分，一共能表示100个色相（如图2-35）。

图2-35　蒙塞尔色相圆环

水平方向用以表示饱和度的变化，即通过在相同明度条件下每一色相的饱和度等间隔地从中性的灰色过渡到最高饱和度来体现，这实际是色相与饱和度相结合即色度的变化。离中心轴越远的颜色越饱和，反之，则越灰暗（如图2-36）。把无彩色的纯度记为0，用0、1、2、3…

图2-36　蒙塞尔色立体模型试图体现色彩饱和度在明度保持不变的情况下，沿水平方向发生的渐变

这一渐变是以垂直轴为中心，越远离中心，饱和度越高

表示从灰色趋向于饱和色的纯度阶梯。蒙塞尔以颜色知觉为基础，认为每一色相从中性的灰色等间隔地过渡到最高饱和度所组成的纯度阶梯数目是不同的，而且每一个色相在最高饱和度时它所对应的明度基数也是不同的。因此表示纯度阶梯的数，视色相或明度的不同而各不相同。比如，纯度最高的红（5R），对应明度4，饱和度阶梯一直延伸至14；绿色（5G），对应明度5，最高饱和度只能达到8，由此造成了色立体形状的不规则（如图2-37）。

图2-37　蒙塞尔色立体表面呈不规则形

蒙塞尔色立体模型给予反映三个变量（色相、明度和饱和度）的变化的每一个方向一个特定数值，特定数值取代了那些不严密的主观色彩流行名称，在色立体中色相秩序、纯度秩序、明度秩序都组织得相对精确、严密，蒙塞尔系统是从视觉心理的角度，根据人的视觉特性以等间隔的方法对颜色进行分类和标定的。蒙塞尔色立体模型建立了一个标准化的表色体系，这给色彩的交流、使用和管理带来很大的方便。蒙塞尔色立体指示着色彩的分类、对比和调和的一些规律，对于色彩的整理、分类、表示、记述以及色彩的观察、表达或有效应用，有很大的作用，能在一定程度上帮助人们丰富色彩词汇，开拓新的色彩思路。

图2-38　PANTONE服装、家居行业用色卡

蒙塞尔颜色体系被用于印刷、染色和摄影等行业各种彩色产品相应标准，在业界普遍流通的"色卡"（如图2-38），许多就是依据蒙塞尔颜色体系标准设计的。

目前在中国市场上，如纺织、印刷、印染、多媒体显示等行业由于颜色没有统一的色彩标准，导致色彩在生产和贸易过程中出现严重的质量问题或者要支付国外颜色标准昂贵的使用费，或者要使用国外颜色体系，或者要使用国外的色卡等。我国的纺织、服装与服饰行业领域颜色体系暂时也没有统一的标准，PANTONE颜色体系、PCCS颜色体系、NCS自然颜色体系，以及由中国纺织信息中心等机构研制的CNCS颜色体系等在企业都有不同程度的使用。

图2-39　电脑配色用于织物的印染

当代的设计师们经常会被要求提供使用电脑科技而获得的精确的配色效果。电脑科技早已应用于服装设计、纺织印染领域（如图2-39）。数字化的色

彩生成原理、色彩选择、调和、使用与管理是很多设计师必须面对的课题。数字色彩的基础建立在现代色度学之上，是加色模式，其涉及的技术标准、色彩模型、颜色区域、色彩语言等与蒙塞尔色表系统有很大的不同，因此我们还必须了解加色的颜色体系。目前应用最为广泛、最为权威的是国际照明委员会（CIE）表达和测量色彩体系的理论和方法，简称CIE颜色体系。

一位有着正常色彩分辨力的人，可以分辨出可见光谱中150种不同的色彩，人类的眼睛实际上能够辨别出的色彩是这150种不同光谱色的明度和饱和度的差额乘以公因数，即大约700万种不同的色彩。现在桌面电脑系统就能够轻易地生成1670万色彩的调色板，这远远超出了人眼的分辨极限。电脑图形中使用的显示器的色彩再现是建立在红（R）、绿（G）、蓝（B）三原色光加色的基础之上。与同类的减色媒介相比——比如手绘或印染、印刷——会有较高的色彩饱和度。

根据加法三原色原理，任何一种色刺激都可用红（R）、绿（G）、蓝（B）三种色光混合匹配得到。当选定了R、G、B三种色光后，任一颜色都可以用这三种色光的刺激量作唯一的描述。所选定的R、G、B色光就是一套表示颜色的参考体系，称为参考色刺激。1931年，CIE将三参考色刺激定为：700nm（R）、546.1nm（G）、435.8nm（B），通过光谱三刺激值计算光谱色度坐标 $r(\lambda)$、$g(\lambda)$、$b(\lambda)$，绘出了色度图，这就是1931 CIE-RGB系统色度图。所形成的表色系即是1931 CIE-RGB表色系，简称RGB表色系。

国际照明委员会（CIE）所制定的表色系，目前为止共有十多个（如图2-40～图2-43），它们环环相扣、关系密切。CIE依据匹配一个颜色时混合三原色的相对量建立的CIE色度学参数，可以用于颜色标注，这种方法获得了广泛的应用。当几束色光混合时，可以用CIE色品图的图解法预计混合光的颜色，成为现代设计软件进行色彩描述的基础；由于CIE测量系统是建立在光线的波长基础之上的（而不是实际的颜料合成基础上的），就不需借助色样的控制作用进行操作，当混合颜料或颜色膜随时间老化时，可以用色度图了解它们的色调和纯度的变化，再行制作，而且这一事实的存在意味着同种颜色可以通过各种不同的形式混合而成，这对生产企业意义重大。更重要的是，CIE色品图已成为联系各种色序系统（颜色空间、颜

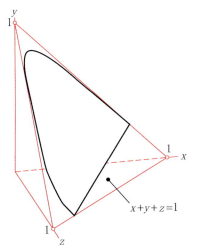

图2-40　CIE-xyz表色系中所有颜色向量组成了$x>0$、$y>0$和$z>0$的三维空间第一象限锥体

取一截面$x+y+z=1$，该截面与三个坐标平面的交线构成一个等边三角形，每一个颜色向量与该平面都有一个交点，每一个点代表一个颜色，它的空间坐标(x, y, z)表示为该颜色在标准原色下的三刺激值，称为色度值，色度图能把选定的三基色与它们混合后得到的各种彩色之间的关系简单而方便地描述出来

图2-41 典型CIE色度图

图2-42 1993 CIE-xyz色度图

马蹄形轮廓线代表所有可见光波长的轨迹，即可见光谱曲线。沿线的数字表示该位置的可见光的主波长。中央的白点对应于近似太阳光的标准白光。红色区域位于图的右下角，绿色区域在图的顶端，蓝色区域在图的左下角，连接光谱轨迹两端点的直线称为紫色线

E 表示等能量，是所有色相的中性集合。注意那些在色度图中被某些波长所覆盖的区域，特别是蓝色和绿色的区域，它们的面积要远远大于黄色、橙色和红色区域。这是因为色度图的形状是以色彩的可视度或人眼的光谱感应曲线作为基础设置的。当我们仔细观察一个明亮的可见光谱时，可以清楚地看到，光谱以红光为一端，紫光为另一端，其间呈现出各种不同的颜色；同时，光谱各部分明亮程度看起来也不一样，其两端要比中间的黄绿色看起来暗得多，即色彩的可视度在逐步向光谱两端靠近的过程中大幅度地下滑。这说明，不同波长的光能引起不同的颜色感觉，人眼对不同波长的光的感受性也是不同的

图2-43 CIE色度图有很大的实用价值

任何颜色，不管是光源色还是表面色，都可以在这个色度图上标定出来，这就使颜色的描述简便而准确了。在实际应用中，如彩色电视、彩色摄影（乳胶处理）或其他颜色复现系统都需要选择适当的红（R）、绿（G）、蓝（B）三基色，用来复现白色和各种颜色，所选定的（R）、（G）、（B）在色度图上的位置形成一个三角形

色模型）的桥梁，因为许多色序系统的颜色标注可以通过换算为CIE的参数而互相联系起来。CIE的三刺激值和色差公式广泛地应用在颜色测量的仪器中。

任务小结

如前所述，颜色是外界光刺激作用于人的视觉器官而产生的主观感觉。物体有重量、大小等特性，且这些特性各有其度量的单位。颜色是否像其他物体的特性一样，也能够被测量，并有其测量单位呢？要做到这一步，就需要找出各种颜色之间的相互关系，颜色的变化规律，并对颜色之间的关系及其变化给以定量的描述。颜色科学在这个问题上已做出了一些成功的尝试。试验表明，在一条直线（单维空间）上用相对距离来表示颜色的相似性是办不到的，而在两维空间的圆环形内可以用相对距离表示颜色的相似性。也就是说，颜色的色相是在两维方向上变化的。我们不管是否知道颜色刺激的物理特性，都能对颜色的视觉特性加以描述，并按照颜色的视觉特性对色进行分类，还可以设计一种表示颜色的简便办法。

颜色体系是根据人的视觉特性，把物体表面色的基本特性按一定规律排列及定量描述的颜色序列的立体模型。每一种颜色在颜色体系中都有确定的位置，并可以定量地表示出来。颜色体系在颜色的科学研究领域中具有重大的理论意义和广泛的应用价值。

知识拓展

在计算机图形学中，通常使用一些通俗易懂的颜色系统——颜色模型，它们都基于三维颜色空间。在图像和图形处理软件中，通常都使用了HSB、RGB、Lab及CMYK等几种色彩模型，并且具有多种色彩模式，用来反映不同的色彩范围，其中许多模式能用对应的命令相互转换（如图2-44）。

由于有了计算机，色彩可以根据使用者的意愿从色相、明度和饱和度的各个方面进行调整改变。阴影、高光和调和色的使用可以出现在设计师需要的任何区域（如图2-45）。而且一旦图像被保存在电脑中，就意味着它可以被无数次地使用和修改。电脑程序是如此的强大有力，在PHOTOSHOP等图形图像软件里，可供选择的色彩、效果工具是如此的丰富和操作便捷，我们所面对的是令人难以置信的众多的可能性，以至于我们必须首先要懂得什么时候给自己叫停，也就是必须学会恰当地取舍。这就如同拥有一件能发出世界上任何声音的奇妙乐器一样，你必须知道如何把这些声音组合成一首美妙的歌。

图2-44　各种色彩模式的转换

在具体的能产生数字色彩的图形软件中，各种色彩模式也是可以相互转换和相互连接的，我们在RGB模式里输入色彩数值，同时可以看到它换算成CMYK或HSB或Lab等色彩模式的数值对应

图2-45　电脑辅助色彩设计的织物面料

教学与实践评价

项目训练目的：

通过对色彩基本理论的讲解与验证，让学生理解色彩的基本原理，使他们在今后的设计实践中遵循相关的色彩理论。

教学方式：由教师讲述色彩的基本理论，用实验来证实理论的客观性。

教学要求：

1. 让学生掌握色彩的基本理论。
2. 让学生建立颜色体系的概念。
3. 让学生通过实践理解色彩的客观表现力。
4. 教师组织学生进行课堂讨论，并对讨论结果予以总结。

实训与练习：

1. 组织学生课堂讨论：人类视觉的功能。
2. 让学生上网收集色光混合的应用实例。

项目三
色彩组织及应用训练

学习目标

1. 培养依照色彩原理整体处理色彩的能力。
2. 熟练地运用"突出"与"融合"手法配色。
3. 理解色谱化的意义,了解色谱化的方法。

项目描述

在现实生活中,我们很少能看到独立存在的颜色,所有的颜色都被别的颜色环绕包围,呈现出来的是相互作用、相互影响的色彩面貌。人们总是把几种颜色相互配合使用,很少单独使用某一颜色,也不会局部地、静止地审视某一颜色,因此必然涉及色与色之间的关系问题。完全一样的几种颜色在不同人的调配下呈现的面貌可能差异很大,如果用"美"来评价配色结果的话,因为审美判断没有也不可能有一个人人都能接受的标准和尺度,因而会陷入见仁见智的困境。这时可以把色彩造型的形式要素抽取出来,与色彩造型的目的、意义相分离,也就是说先不管是什么决定着美的价值,我们仅限于对形式要素的各种关系进行分析、讨论,因为对这些形式要素诸关系的组织处理手法的高下必然影响形式美感(狭义的美或知觉的快感),所谓的"美的形式法则"或原理在此时也许具有客观指导意义。本章旨在探讨色彩的组织结构问题,即在众多的关系中,色彩是如何起作用的,如何组织出具有形式美感的色调。

本项目重点任务有三项:任务一,色彩的对比与调和;任务二,设计配色;任务三,色谱化。

服装色彩

任务一　色彩的对比与调和

任务分析　色彩的关系

色彩知觉的所有问题都是围绕整体性展开的，包括知觉的形式美感。形式美感建立的基础，是整体与局部（部分）的关系：整体由局部构成，局部又由整体统一时，美感才得以确立。马蒂斯在谈到绘画中色彩之间的关系时说："这种关系要支持色调而不是毁坏它们……我在所有的色彩中找到了它们的关系，这种关系必然会造成色彩的某种生动的和声，就像一件音乐作品的和声那样。"如图3-1。

图3-1　亨利·马蒂斯《音乐》

例如，一条领带自身作为整体，是由形、色、图案、材质这些局部元素构成的，假如这些组成元素之间没有互不相干、南辕北辙的分裂现象发生，那么这条领带作为一个统一整体，基本上不会差到哪里（形式美感的基础有了）。当这条领带被某人穿用时，它就由一个整体变成了局部，与西服、衬衣、裤子、鞋帽等同处于局部元素的地位，从整体服装的角度看，这些元素又与穿衣人的脸形、体态等一起成为构成统一美感的因素（如图3-2）。

图3-2 服装自身的形、色、图案、材质与穿衣人、环境等一起成为构成整体美感的因素

(伊夫·圣洛朗作品)

相关知识与任务实施

（一）色彩的对比

色彩知觉的特征之一就是整体性（另一特征是理解性即寻求意义），色彩是在整体关系中经比较被知觉到的。经过相互比较而存在的差异性，我们称为对比。凡是两种或两种以上的色彩由于互为并置（接触）而显示出差异性、对立性的一面，就称为色彩的对比。色彩对比是从区分色彩差异性入手，从相对对立的一面来讨论色彩关系问题的一个概念。

在上个项目里已经阐述过这样的基本原理：色彩是各种对比和人的知识经验等共同作用的结果。这就意味着没有对比就没有色彩现象。同样，在色彩的组织关系中，没有色彩的对比就只会形成单一节奏、单一刺激，视觉上平淡无奇，意识上麻痹不予理睬，当然谈不上美感。如果破坏这种固定节奏，使其不断发生突变，即能给意识造成一种不懈的惊觉和紧张情绪的感知，从而能激发兴奋，产生新鲜感，美感来源于单调和混乱的均衡。就像一条美的韵律线永远不会有等高、等距的重复升降一样，色彩只有以对比作为基础才可能产生调和的美感。任何一个色彩场面（自然的或人为的）中变化的因素都可以从色彩对比的角度来讨论，而要达到一个调和的色彩组织效果必定要在统一秩序的规定下追求色彩的变化。多样化的色彩对比等于色彩的多样性，把色彩的调和因素等于色彩的统一性，当色彩组织一方面利用对比因素造成色彩的秩序与变化，另一方面又用调和因素统辖这些变化，使其得到有秩序的统一时，就实现了色彩形式美感的创造。

服装色彩

在一个色彩组织中,如果要比较色与色的不同之处,无非从色相、明度、饱和度、冷暖、面积、肌理等几个方面入手。

建立在明度差别基础上的对比称为明度对比,建立在颜色相貌差别基础上的对比称为色相对比,依此类推还有饱和度对比、冷暖对比、面积对比等不同类型。在这里提请大家澄清以下事实:这里讲的色彩对比类型是以划分、描述色彩的人为概念,是理性的结果,上一项目所讲的色彩对比效应是一种视觉生理、心理存在的客观现象;色彩对比类型的划分对于观察、分析色彩效果特征和在组织色彩时如何达到某一效果特征具有指导意义,色彩对比效应则和色彩对比怎么分类无关,始终作用于我们的眼睛,两者不是一个意义。

色彩对比在一个具体的色彩组织中还存在着对比程度强弱的问题,比如在一个画面里假如其对比关系都确定了,唯有一个被红色包围的颜色没有确定,是用橙色和红色对比,还是用绿色和这块红色对比呢?虽然这两对对比都是色相对比,但给视觉造成的对比强度却大不相同。同样,其他对比类型也都存在对比度的问题。因此,我们以蒙塞尔颜色系统(色立体)作为参照,引入两个概念:色距与对比度。色距是在色彩组织中一个颜色与另外一个颜色(或各颜色)之间的色差距离,它是由颜色在色立体空间中彼此的位置和距离决定的,色距在具体的色立体空间内是可以被定量描述的(如图3-3)。色距的不同必然引起对比效果的差异,对比度就是对这一对比效果的差异进行感性描述的概念。在色立体空间内,相互位置越远即色距越大,对比度大,对比效果强;反之亦然。

图3-3 色彩三特性各自对比类型的划分取决于对比方在色立体空间中的位置关系即色距

1.色彩三特性的对比

色相对比、明度对比和饱和度对比是建立在色彩三特性差别基础上的对比。这三种对比类型所引起的视感觉各有特色。色相是颜色的第一表征,有人比喻像人体的表皮,具有原始的诱惑力。色相对比度的强弱可以用对比双方与色相环上的圆心形成的夹角度数(即色距)来表示:色距在色环中15°以内的对比最弱,称为同类色相对比;色距在15°~45°的对比其次,称为邻近(类似)色相对比;色距在130°左右的对比较强,一般称为对比色相对比;色距在180°左右的对比,称为互补色对比(如图3-4、图3-5)。

图3-4 色相对比类型的划分取决于对比方在色相环上的相互位置关系

图3-5 土族镶边绣花女装，全色相对比，节日般华丽自然，达到了充分释放活力的效果

明度因素，对色彩的组织结构起着如骨骼般的构筑性作用（如图3-6、图3-7）。明度对比的强弱可以对应明度轴上的色距位置表示：色距在4个级差以内的对比，称为明度短（弱）对比；色距在4～6个级差范围内的对比，称为中对比；色距在7～9个级差范围内的对比，称为长（强）对比；黑白二色的对比最强，称为极色对比。明度差越大，画面越有力度，效果越强；反之，则平稳无风险。

图3-6 把色立体明度轴和等明度饱和度色域分别划分为高、中、低三个区间段

图3-7 将色相和彩度排除在外，强调明度对比
（中国当代艺术家王怀庆作品）

彩度对比没有色相对比的原始性也没有明度对比的刚强内敛，像人体的肌肉一般，蕴藉而敏感。彩度对比的强弱也可以通过发生对比的颜色在色立体空间中的相对位置确认：彩度最强对比发生在色立体中心无彩色和居于色立体最表层的高纯度颜色之间；彩度最弱对比发生在色相面上相邻位置最近的色彩之间；其他的对比度介于这强弱两极之间。彩度对比最能体现对比的相对性，因为没有了色相、明度因素的制约，同样等差级的彩度对比既能发生在两个纯色之间，也能发生在两个极低纯度颜色间，所以最严格意义上的彩度对比总是在同等明度条件下讨论的（如图3-8、图3-9）。

图3-8 保罗·克利，《黄昏时分的火焰》
作品包含了宽范围的彩度对比和明度与色相对比

图3-9 彩度强对比的服装配色，刺激强烈，充满活力

2.色彩的冷暖对比

色彩现象的复杂性远远超出我们现有的理论，色彩的冷与暖就是一个极好的例证。把色彩分成冷色和暖色的做法很普遍：把色相环上的红、黄、橙称为暖色，蓝绿、蓝、蓝紫称为冷色。把具有鲜明心理特征的纯颜色分为冷色和暖色是基于人类共同的生理、心理基础。有一个现象值得注意：当事物某些方面比较暧昧不易区分性质时，人们总会将其与心中早已确认的（或已知的）坐标相比较，根据事物对坐标的倾向性来把握性质的差别。比如我们日常生活中就普遍把白天与黑夜、阳光与阴影、黑与白等当成比较某些事物性质差别的坐标，人们很清楚地知道事物与坐标是两码事，不会混为一谈。基于这一道理，我们把色彩的冷暖定义为：高彩度的红、橙与蓝绿、蓝是人们权衡、把握色彩的心理坐标，当两种或两种以上色彩并置时，视知觉会发生稍微偏离色彩自身的倾向性，并置色彩的相对冷感或暖感不是取决于色彩本身，而是取决于偏离的坐标指向。当A、B两色相邻时，假如看起来A色偏离的倾向性指向红、黄、橙一端（知觉心理坐标的热极）时，B色就必然指向蓝绿、蓝、蓝紫一端（心理坐标的冷极），其间不存在暧昧情况。于是观察的结论是，A色偏暖而B色偏冷（而不是A色是暖色系的颜色，B色是冷色系的颜色）。由此可见，色彩冷暖是与色彩的心理坐标比照、权衡的结果，是指偏离自身的倾向性，而不是色彩自身。这也因此决定了色彩的冷暖对比具有比三特性对比更宽的泛指性，冷暖感（冷暖对比）可以发生在任何色彩对比条例下，即便是无彩色的黑、白、灰并置，我们想要去权衡的话，也有冷暖倾向性——白色偏冷，黑色偏暖，灰色与灰色对比取决于各自黑与白的比例。色相感非常明确的颜色之间当然也有冷暖，只是在这种条件下由于冷暖一目了然，人们反道更瞩目三特性的因素罢了。

具有意义的是，色彩的冷暖感正所谓"跳出三界外（不是三特性），不在五行中（不是现实的物理量而是心理取向）"，冷暖不属于色彩三特性，反而成为我们处处观照色彩三特性变化的一个非常有效的手段，比如对条件色的观察，如果用冷暖的眼光看就很容易把握。色彩的冷暖因此也成为我们权衡、调配色彩组织结构中三属性变化的纲领性武器。一些三属性很接近的颜色，用冷暖的眼光很容易区分出色相偏离的倾向性，进而把握其间色相味道的细微差异，感受色彩的微妙变化（如图3-10）。

图3-10　三属性很接近的颜色

（二）色彩的调和

色彩的调和是和谐、和睦、融洽、协调、悦目之意，是形式美感的主要内容，包含对色彩效果感受性的评价和为追求调和在组织色彩关系时的技术操作手段（技巧）这两层意思。

一旦使用色彩对比手法进行色彩组织，伴随而来的是对色彩诸对比元素怎样使用和为什么这样使用的问题，或者说是色彩对比的目的、依据和达到的效果问题。这实质上是整体与局部的关系问题，交由色彩的调和来解决。从构成角度讲，色彩的组织就是色彩各对比元素的组合过程，无非有三种情况：相同或相似元素反复使用，因过于相同，结果单调死板；另一种极端，用性质完全不同（对立）的元素作杂乱无章的组合，因庞杂而失之主次，结果造成不快感；第三种情况兼有两者的特征，做到了单调和混乱的均衡（秩序）就近于调和了。可以说秩序是调和的必要条件。从这个意义上讲，色彩调和是对一些对比（有差别）的色彩进行的调整过程，目的是建立和谐而统一的整体。

色彩调和从整体出发肩负着以下平衡、调控和评价任务：①使色彩对比不带尖锐刺激；②使色彩组织总效果满足人的视知觉对秩序感的预期（对比与统一恰如其分）；③全面衡量、评判色彩对比所有元素的使用是否符合整体表现要求；④与设计目标是否吻合（应用性色彩设计）。

任务小结

色彩之间的相互关系还与观察视角有关。当色彩的面积小或距观察者远时，观察视角就会很小以至无法明辨色彩之间微观层面上的对比，色彩组合的整体心理印象中各色彩的色相、明度和彩度差别趋于同化。

色彩对比与色彩调和概念的建立，是认识色彩现象和把握色彩组织效果的有效方法与途径。色彩的对比与调和正如一个硬币的两个面，相辅相成造就了色彩整体的面貌。

色彩的对比关系是各种色彩间存在的矛盾关系，各种色彩在构图中的面积、形状、位置以及色相、明度、纯度和心理刺激的差别构成了色彩之间的对比。差别越大，对比越明显，对比缩小，差别就减弱。

色彩的"调"就是色彩的调整、调理、调停、调配、安顿、安排、搭配、组合等，"和"就是和一、和顺、和谐、和平、融洽、相安、适宜、有秩序、有规矩、有条理、恰当，没有尖锐的冲突，相辅相成，相互依存，相得益彰。

知识拓展

对整体与局部关系的进一步思考可以让我们推导出两个结论：整体是相对的，但是一旦某事物被作为整体来看待，它就具有了独立性（就像领带可以单独作为一个整体被设计一样），这种独立性表现在所有组成元素（局部）必须隶属于它，受到作为整体自身的统一因素制约，否则局部不成立，或谓之不适当；整体是由依存于整体的局部构成，局部与局部相比较也有各自的独立性（即有不同处），否则也不可能成为局部元素。这样，在确认各自是作为一个整体或者作为一个局部的条件下，整体与局部之间和局部与局部之间就产生了一系列不同层面（不同角度）的关系。形式美的原则就是对这些诸关系的规律性总结，形式美感的创造（比如色调的组织）则可以利用这些原则去有效地工作。色彩的对比是强调局部与局部之间差异性关系的概念（在色彩组织中则成为手段、手法），色彩的调和是从整体统一性出发来平衡、调控各局部关系的概念（在色彩组织中也成为一种手段、手法）。我们当然不是为概念而概念，而是作为色彩的组织者要追求一种有序、和谐、统一等形式美感的视觉效果，这与其运用色彩对比与调和的能力密切相关。

任务二　设计配色

任务分析　配色

在设计界把色彩的组织习惯上称为配色，指的是用两种或两种以上的颜色搭配出新的色彩视觉效果。配色时要测定色彩在颜色空间中的位置，其工具就是色彩的三属性。理解并掌握了色相圆环和色调三角形的组合（如图3-11），就能够自由地利用配色原理进行配色。

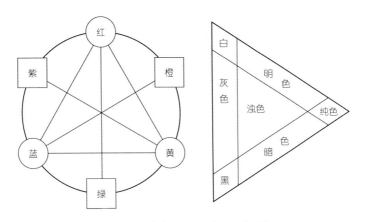

图3-11　色相圆环和色调三角形

色相圆环中的色相呈现出固定的相对位置，三原色红、黄、蓝呈三角形排列，其间排列着橙、绿、紫三间色。可将三角形等色相面依视觉感受的倾向性划分为黑、白、灰、明色、暗色、纯色、浊色七类色调

相关知识与任务实施

（一）配色的手段

色调是明度与彩度的综合（如图3-12），可以理解为色彩的状态。色调决定配色的感觉与氛围，是影响配色视觉效果的决定性因素，因此必须充分重视。

图3-12 明度与彩度的综合——色调

明度+彩度=色调,即色调是明度与彩度的综合。纵向剖开颜色立体图,就可以看到一个个小四角形即为色调

　　色调是在明度和彩度的相互关联的基础上形成的,即使色相变换,在色立体图的平面三角形中处于同一坐标的颜色具有相同的色调,也就给人相同的感觉,处于相同的状态(如图3-13)。色调决定画面。即使是相同材料和相同风格的形状,当色调发生变化时,画面也会完全不同。如果色调选择错误,无论在色相和明度上下多大功夫都无法修正画面(如图3-14～图3-16)。

图3-13 等色调

即使色相不同,处于同一位置就具有相同的色调,此图中每一个十二色相圆环上的颜色都是等色调

项目三 色彩组织及应用训练

①淡而柔和的色调　　②明亮轻快的色调　　③朝气蓬勃的鲜艳色调
④雅致的浅色调　　⑤灰暗沉稳的色调　　⑥厚重坚实的色调

图3-14　色调在色立体剖面的位置对配色感觉起很大作用

明亮的色调温和而亲切　　鲜艳的色调活力迸发　　素雅的色调稳重朴实　　强烈的暗色调具有力量

图3-15　选择的色调决定了配色画面的气氛

色调相近　　处于中间位置的色调差　　与淡色调的对比强烈起来

色调差小　　色调差中等　　色调差大

图3-16　色调差的效果

色调差别小则平稳和谐，差别大则产生变化

图3-17 在服装配色中，人体自身的颜色成为主角色

配色像色彩设计者用视觉语言组织出来的"小说、电影"，其中有主角、配角等各种角色。某种颜色的角色被摆正时，整体效果才会呈现出稳定的感觉。最基本的角色有五种，掌握它们有助于搭配出理想的色彩。①主角色：是配色的中心色。选择其他颜色时要以主角色为基准。②配角色（突出色）：设置在主角近旁，目的为衬托主角，支持主角，使主角突出。③支配色（背景色）：作为背景环抱整体的颜色，它控制整个构图，即使是小面积也能支配整体。④融合色：主角色相对于其他色显得孤立时，把与主角色相同或相近的颜色放置于能和主角色相呼应的位置，起到融合整体的作用。⑤强调色：在小范围内用上强烈的颜色，在画面中占有的色量与面积最小，使画面整体更加鲜明生动，起"画龙点睛"的作用。

在服装配色中，主角色为人体自身的颜色，因此不存在主角色。与主角色相对的配角色，起突出主角的作用（如图3-17）。

在服装配色中，支配色往往是衣服本身的颜色，选择好服装面料的色调，会出人意料地决定整体效果。支配色即使面积不大，只要包围主体，就能成为成功的支配色，也就是说，即使小面积也能左右整体感觉。支配色与色彩强弱无关，灰暗颜色或强烈颜色都能决定主角的整体感觉（如图3-18、图3-19）。

在服装配色中，往往围巾、领子、项链、眼镜等会成为强调点。一般来说，强调色的面积越小、色彩越强，强调效果越好。反之，同色系、面积过大都不能起到强调提升效果（如图3-20）。

色彩间过于激烈的对立，或是其中一种颜色过于突出时，为使画面平稳，加入融合色，起缓冲调和作用。当中心色由于缺少呼应而显得孤立时，在近旁点缀以同一色相的颜色，与中心色呼应，起到融合整体、凝聚画面的作用（如图3-21、图3-22）。

图3-18 服装本身的颜色对色彩感觉具有决定性的支配作用

项目三 色彩组织及应用训练

图3-19 在服装配色中，支配色和强调色是关键

（a）围巾与支配色的反差大，强调提升作用强　　　　（b）围巾与服装的反差小，强调提升作用弱

图3-20 服装配色中的强调色

图3-21 画面中加入融合色，或调和过于突出，或呼应中心色，起到融合整体、凝聚画面的作用

053

服装色彩

图3-22　围巾的颜色与上衣色相融合

分布在口袋、袖子、肩部等处的镶边色又与裤装的颜色相呼应，既加强了整体感，又是装饰性的强调

（二）配色的技巧

单纯从色彩的形式美感出发进行配色时，要从色彩的对比与调和两方面考虑，既要保证色彩效果的"突出"提升方面又要兼顾"融合"平稳方面。当画面整体过于沉重、模糊时，要在突出方面下功夫。明确主题，同时放弃几个要点，大力强调最主要的部分，删减模糊暧昧的地方。如果过于喧闹，要采用颜色三属性来缓和喧闹、醒目的颜色。突出时要增强三属性的对比，融合时则要减弱对比色的对立。

1.强调突出（对比）型的常见手法

（1）烘托中心　明确色彩表现的主角，通过强化色彩三属性的对比提升画面中心，使配色给人以深刻印象（如图3-23）。

（a）画面虽然朦胧梦幻，但主角不清晰　　　　（b）加大整幅画面明暗反差，使中心清晰，强调主角

图3-23　加大明暗反差强调主角

（2）制造亮点　给过于沉稳均一的配色设置小面积的对比色彩，成为兼具品位与活力的亮点。面积要小、背景颜色要均一，亮点的作用才能明显（如图3-24）。

图3-24　颈饰和发饰成为服装配色中的亮点

（3）加入高彩度颜色　当画面色彩感觉庄重有余，而活力不足时，利用彩度越高的颜色越能给人以朝气、活力的原理，加入高彩度颜色来调节气氛（如图3-25、图3-26）。

（a）虽然配色也很协调，但是服装没有精神　　　（b）中间的领带加上高彩度的洋红色后，既保持了庄重，又有活力感，与脸部的妆容相呼应

图3-25　加入高彩度颜色

（a）沉稳素雅的浊灰色，与年轻人穿用的款式不相符　　　（b）提高了红、绿、蓝色的彩度后，既保持了沉稳素雅，又有华美活泼感

图3-26　加入高彩度颜色

（4）增大有彩色的量　黑白主体或无彩色、灰浊色的画面如果使人感到有所欠缺，或过于单调，加入些许颜色，增大有彩色的量，将会变得活跃、明快（如图3-27、图3-28）。

图3-27　将浊灰色变换成红色和黄色，一改沉静素雅的色彩面貌

图3-28　用蓝色替代深灰色，使画面成为由红、黄、蓝组成的三原色配色，稳定而又有欢快感

（5）扩大面积差　即便使用相同颜色的搭配，当面积的比例改变时，色彩印象也会随之改变。利用这一原理，通过扩大面积差（大小差），制造轻快、动感的色彩效果（如图3-29、图3-30）。

图3-29　改变线条的粗细也会令画面改变

图3-30　在服装上面积比往往取决于整体款式造型

（6）设置明度差　明度差越大画面越有力度，效果越强；反之，则柔和平稳。如果感到配色效果过于平稳没有精神，缺乏力度感，可尝试把明度差加大（如图3-31）。

图3-31 接近明度差，有成熟高雅感；扩大明度差，活泼动感

（7）打破色序，随机配色 色相环、明度阶梯体现了色彩的秩序，按照色相、明度次序配色，给人以安静平稳、内向之感。配色如果有失紧凑，略显无趣，则可打破色序，突出各色的独立性，追求新的活泼的节奏感（如图3-32）。

图3-32 按照色相、明度次序配色，给人以很强的序列感

（8）黑色起突出作用 无彩色中的黑色在配色中是个狠角色，黑色会突出原有的颜色，使画面有力度，与其他颜色组合时，是最强力的配角色。黑色无论与任何色彩搭配，都起强调提升作用，黑色令强色更强烈，令浅色更加突出，产生生动醒目的效果（如图3-33）。

图3-33 黑色在服装色彩中起增强他色的作用

2. 强调融合（调和）型的常见手法

（1）靠近色相（使用同色系） 色相差越大越活泼，反之，越靠近越稳定。色彩给人感觉过于突出喧闹时，可以靠近色相，协调各颜色，使画面稳定（如图3-34）。

(a) 统一于以蓝色为中心的色相，产生沉着平稳的效果　　(b) 仅由邻近色构成，勾勒出有安全感的"乐土"

图3-34 同色系色彩调和

（2）统一明度 无论多么松散的配色，统一明度后都会呈现出整齐稳定的效果。但明度差过低，画面容易过度平稳，使人感觉有所欠缺。为避免单调，应尽量扩大色相差，以求维持色彩之间的跳跃感（如图3-35）。

图3-35　明度接近的色彩设计图例

（3）靠近色调　色调也称调子，表示色彩的感觉、品味。因此可以把同一色调的色群归为具有同一类色彩感觉。组合同一色调的颜色，相当于统一了画面气氛。如果画面松散，缺乏统一感，则需统一色调。当统一至相同或相近色调后，原本混乱的配色将变得和缓稳定（如图3-36～图3-38）。

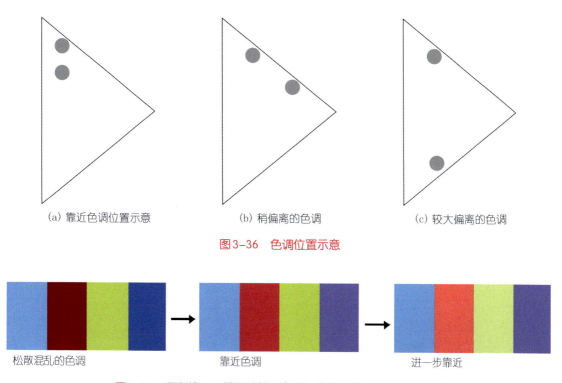

(a) 靠近色调位置示意　　(b) 稍偏离的色调　　(c) 较大偏离的色调

图3-36　色调位置示意

松散混乱的色调　　　靠近色调　　　进一步靠近

图3-37　逐渐统一至相同或相近色调，会使配色由混乱变为稳定

图3-38 突出与融合之间的相互转换

（4）群化法　所谓群化，是指赋予色相、色调、明度等以共通性，从而制造出整齐划一的色彩组织。画面松散、混乱时，将三属性的一部分共通化后，产生群化效果，会得到具有统一感的画面（如图3-39、图3-40）。

图3-39 群化的方法为：靠近明度，靠近色调，缩小色相差

（a）虽是鲜艳欢快的配色，但过于混乱喧闹　　　　（b）群化至明和暗两种色调，画面整齐了不少

（c）分为冷色和暖色两组，则兼得规整与活力　　（d）高彩度的红、黄、蓝色透过底层的黑白灰照片群化

图3-40　越是形状复杂、色彩缤纷的画面，越要注意寻找色彩间的共通处

（5）双色调与对比双色调　所谓双色调，指从相同或相近色相中抽出两种色调的组合。最有代表性的双色调是同一色相的明色与淡色的组合。制造色相差，或是组合进浊色，都能创造出丰富的色彩表情（如图3-41、图3-42）。

图3-41　双色调配色示例图

服装色彩

画面中同时使用两组双色调，可构成对比双色调，此时将双色调具有的舒适感与色相对比具有的紧张感调和至平衡，会呈现出平稳与紧凑兼备的色彩感觉（如图3-42）。

图3-42　对比双色调配色示例图

（6）微差法　有时为了传达出娴静雅致的感觉，会使用几乎令人察觉不到的细微色彩差别配色。要运用好微差配色法，周边颜色尤为关键，不宜搭配强烈反差的颜色（如图3-43）。

图3-43　几乎相同的色彩中凸凹有致的浅浮雕式的变化，
造成稍许差别，起强调作用，给人以成熟感

任务小结

色彩搭配看似复杂，但并不神秘。既然每种色彩在印象空间中都有自己的位置，那么色彩搭配得到的印象可以用加减法来近似估算。如果每种色彩都是高亮度的，那么它们的叠加，自然会是柔和、明亮的；如果每种色彩都是浓烈的，那么它们叠加，就会是浓烈的。当然在实际设计过程中，设计师还要考虑到乘除法，比如同样亮和对比度的色彩，在色环上的角度不同，搭配起来就会得到千变万化的感觉。

知识拓展

策划正确的配色方案时必须要有一个判断标准。设计师策划一个网站需要经过反复多次的思考，而在决定网页配色方案时同样需要经过再三的思量。为了得到更好的策划意见，组织者既应该与合作人员反复进行集体讨论，还应该找一些风格类似的成功站点进行技术分析，一个大型站点是由几层甚至数十层的链接和上百上千种不同风格的网页所构成的，所以在需要的时候应该绘制一个合理的层级图（如图3-44）。

图3-44 合理的层级图

任务三 色谱化

任务分析　色谱化的概念

来自于自然的色彩或人文色彩不能直接用于配色，因为客观世界千千万万不同的物体，因自身结构的多样性、物理性的光作用、化学性的质变、生理性的生命基因演变等，构成了千变万化的颜色；任何物体色因存在于有着多种媒介物构成的空间介质中，受着多种色光相互作用，从而形成复杂的环境色彩；同时，由于不同距离的介质密度造成物体色因视距变化而使颜色既丰富多彩又变幻无常，这种情形下人的视觉难以捕捉到那瞬息万变的"彩"的色度绝对值，人对色彩的记忆力很差，配色及其应用要求我们使用具有明确色度值的颜色，因此只有把混沌且极不稳定的"彩"转化成稳定的"色"才能为设计所用。色谱化就是实现由"彩"变"色"这一转化的有效方法。

色，即平面化的、具有明确色度值的颜色；谱，某类事物按照一定规律编排起来即为谱。色谱就是按照一定色度数序编排起来的颜色组。把复杂的自然色彩或人文色彩经过获取、分析、归纳、概括，提炼出能与其总的色彩气氛和印象相对应的单纯的颜色，把这些颜色按色度整理成一定序列的过程就叫做色谱化。可见色谱化是一种对色彩获取、归纳、概括和提炼

服装色彩

的工作过程,是研究色彩现象的一种手段。通过色谱化的方法来认识和分析存在于自然和人文色彩范畴内的色彩组织关系。由于从复杂且不稳定的色彩组织中提炼出了具有准确色度值的且有内在关联的颜色群,那么就可以将这些颜色纳入到色立体颜色空间内进行理性剖析;另一方面,这一色谱也成为配色应用的载体(如图3-45、图3-46)。

图3-45　来自于自然的色彩及其色谱图例

图3-46　来自于人文的色彩及其色谱图例

相关知识与任务实施　色谱化的方法

怎样对自然色彩或人文色彩进行获取、归纳、概括和提炼呢?我们面临的复杂色彩现象无非是两种空间样态，一种是二维平面的，另一种是三维立体的。传统艺用色彩的色谱化主要采取目测方法：二维的是目测分析对象固有的色数、色度及其配合关系，再把它们归纳为最主要的几个色，同时测出各个颜色所占据的比例和位置；三维的借助写生（仍属目测）或摄影技术，把自然景物拍成彩色照片，然后使用透明的细密方格坐标纸蒙在彩色照片上（或写生作品上），根据各种颜色所占据方格的目数分别算出分量，同时标出各色位置之间的组合关系，绘制成归纳色的比例和组合关系的色谱。色谱化工作的质量取决于人的认识、经验、熟练程度等因素，因此过程复杂且不确定因素多。现在借助数字化测色、获取和分析设备发展了一种依靠机械而不是主观判断的精确的测色与归纳方法：二维平面的色彩借助数字化的分光光度计（用于计量具有反射特性的样品或是光源所产生的光线强度的测量仪）来对色彩的三个变量（明度、彩度、色相）进行测量；三维立体借助于数码摄影和数码摄像设备记录获取，把获得的数字化色彩信息输入电子计算，经过计算机分析综合，可以在很短的时间内把色彩按设计者的要求归纳为若干个色谱，同时非常精确地显示出各色所占据比例的组合位置（如图3-47）。

图3-47　实用16色环色谱搭配设计PSD分层素材

任务小结

　　服装色彩设计的生命力在于"新"，即新鲜感，色彩设计者肯定要早于使用者进行色彩的审美观照，也就是说设计者首先要发现具有新鲜感的色彩样态。具有新鲜感的色彩搭配来自于哪里？主要是来自于自然和社会。自然景物呈现的色彩叫自然色彩；人类社会的、历史的活动在色彩方面的呈现叫人文色彩。自然界包含了所有的调式，拥有极其广阔、无限复杂的色彩表象。自然与人文色彩蕴藏着最佳配色关系，是寻找色彩新感觉的宝库、是色彩设计方案产生的最重要的基础。

知识拓展

　　色谱揭示着来自于自然或人文色彩的内在结构，传递着形成色彩关系的基本规律和调和规律，为人们提供色彩设计的语素，启示着色彩设计构思的灵感，是设计师进行色彩设计的有力工具。由于色谱化具有简洁地表现出视觉来源中无数色彩关系的能力，是处理复杂的色彩来源的实用方法，因而成为我们认识色彩和创造色彩的有效手段，许多影视剧里的画面也成为色谱化的素材（如图3-48）。

图3-48　影视画面里的色谱化素材

教学与实践评价

项目训练目的：

通过对色彩组织理论的讲解与验证，让学生理解色彩组织的基本任务与实施环节，为今后的平面设计行动与色彩职业岗位打下基础。

教学方式：由教师讲述色彩组织的基本理论，用实验来证实理论的客观性。

教学要求：

1. 让学生掌握色彩的对比与调和。
2. 让学生认知设计配色的基本原理。
3. 让学生通过实践掌握色谱化的方法。
4. 教师组织学生进行课堂讨论，并对讨论结果予以点评、总结。

实训与练习：

1. 收集部分优秀色彩作品在课堂上进行评价交流（每人不少于五件作品）。
2. 掌握色彩的对比与调和，并做相应的服饰色彩训练。
3. 通过配色实践掌握"突出"与"融合"的服饰配色手法。
4. 掌握设计配色的任务实施方法，并做相应的服饰色彩训练。
5. 掌握色谱化的任务实施方法，并做相应的服饰色谱化训练。

▶ 微 信 扫 码 ◀
4.服装色彩设计的灵感

▶ 微 信 扫 码 ◀
5.灵感与色彩采集重构

项目四
色彩的情感与服装色彩意象及应用

学习目标

1. 理解自觉地认识色彩和创造色彩，就是艺术地、情感地把握现实。
2. 了解色彩的各类情感效应，能够初步用色彩表达情感。
3. 体会服装语言的内涵，掌握色彩意象创新的基本方法。

项目描述

人们常常感受到色彩对自己心理的影响，色彩赋予我们诸多情感与精神内容。色彩的情感作用不是由知识附加给它的某一解释所引起的，色彩自身能够有力地表达情感，自觉地认识色彩就是艺术地、情感地把握现实。

作为设计者表达各种理念、情感的载体，色彩是极富表现力的设计元素。从"形象"的角度来探索色彩，更接近人的实际感觉。把服装作为一种"语言"来看待，就可以通过解读服装语言加深对服装本质问题的理解，培养对服装敏锐的观察力，进而逐步确立对服装的独立见解。

严格意义上的服装色彩设计是服装整体设计的一个重要组成部分，并不存在孤立的服装色彩设计。如果把服装设计作为服装语言新的表述的话，那么，在这个过程中对色彩方面的考虑集中体现在色彩形象的创新。

本项目重点任务有三项：任务一，色彩的情感；任务二，服装语言解读；任务三，服装色彩意象。

服装色彩

任务一 色彩的情感

任务分析　情感与艺术表现

众所周知，我们观看世界时都免不了要有一个特殊视点或角度，人类对世界的一切知觉，都不可避免地要有主观的或情感的成分。我们把情感定义为：情感乃是人类从一种特殊的角度观看世界的方式。马克思在《〈政治经济学批判〉导言》中，区分了人类掌握现实的四种方式——理论的，宗教的，艺术的，实践-精神的。每一种观察都会揭示出世界的一个不同的性质或方面，每一种思维都有适合自己的领域，对事物的情感意义的知觉属于审美意识（或艺术的思维活动）领域。把艺术地把握世界与其他三种方法区分开，实际上证明了审美作为一种特殊的认识世界的方法的重要性。

艺术领域中所讲的"情感"不只是类似喜悦、悲哀和愤怒之类的东西，它的范围包括态度、气质、观点看法等。"情感"较为完整的含义应包括两个部分：①所经历的内心感受；②认识到这是一种什么样的情感，也就是说，能够认出它就是众人所说的那种情感。第一部分是个人的、私下的和主观的，第二部分则涉及公共的标准，两部分缺一不可。

值得注意的是，情感生活的公共（约定俗成）性质所造成的重要后果。只要选择描述情感的语言是基于一种公共标准，这些语言的意义就多半会存在于这种公共标准中，意义便成为公共的。比如，一个见到某种危险物而退缩的人，看上去必然是惊恐万分的；一个脸膛发红、咬牙切齿、向别人大声咆哮的人，看上去必然是侵略性的和敌对性的。这样一些表情和姿势不纯粹是这个人内心的愤怒之情的符号或标记，而是这种愤怒之情的一部分。愤怒应该被理解为由种种物理的、心理的、环境和传统的因素构成的总体关系，我们不可以把其中任何一个部分单独分离出来，称为愤怒的情感。即愤怒是同时包容着客观因素和主观因素的整体。

情感的意义一旦成为公共的，任何一种能展示出这种公共特征的东西，不管是有生命的还是无生命的，都能被自动地和必然地理解为某种情感——从一张涂上颜色的纸片，到新娘子的盛装，再到黄昏时扫过树梢忧郁的风。正如杰出的格式塔心理学派代表人鲁道夫·阿恩海姆所说："一个视觉式样所造成的力的冲击作用，是这个知觉对象本身固有的性质，正如形状和色彩也是其固有的性质一样……一座山可以是温和可亲或狰狞可怕的；即使一条搭在椅背上的毛巾，也可以是苦恼的、悲哀的或劳累不堪的等。这种消沉或者活跃早已包含在这些物理行为之中了……一块陡峭的岩石、一棵垂柳、落日的余晖、墙上的裂缝、飘零的树叶、一汪清泉，甚至一条抽象的线条、一片孤立的色彩或是在银幕上起舞的抽象线条，都和人的面部具有同样的表现性，对艺术家来说有着同样的价值……"

因此，任何一个人，只要通过文化适应熟悉了我们的语言（广义的语言）和社会习俗，情感特征都将是他知觉到的外部世界的一个有机组成部分。

无数事实都证明了这一点。在我们生活的地方，外部世界的任何事物都具有情感特征，而且这个社会中任何一个成员均可经验到它们。例如，在日常生活中，我们常常发现某种色彩太"刺眼"，某种嗓声太"刺耳"，他的面部很"友好"，漫长的冬季很"萧条"，春天是"欢乐"和充满"希望"的等。大部分人都能感觉到，一个黄色的房间极其"明快""轻松"和"振奋"，而一间黑色或深紫色的房子则"阴沉""忧郁"和"压抑"。一个阴云密布的天气总被说成是"阴沉"的，一个阳光和煦、春光明媚的天气总被说成是"令人心情愉快"的。在这个社会的大多数人看来，棱角分明的图形和物体是紧张、敌对和焦虑不安的，圆润的曲线则是温暖、平和、亲切友好的；红色和橘红色总是被知觉为温暖和随和，蓝色总被知觉为冷静或严峻。总之，种种由文化背景决定的主观反应，均被视为外部环境的一个组成部分，正如色彩和形状也被视为事物的一部分一样。

当我们对情感性质作深入地理性分析和反思时，就会把它们归为我们内心的某种心理状态，而不是外部环境的一部分。但是这种反思绝不会改变我们的日常习惯，也就是说，我们平时仍会不由自主地把它们视为外部世界的一部分。由于我们生命的大部分都是在这种日常状态中度过的，这种直接影响我们周围环境——我们的穿衣、房间布置和城市规划——的审美反应，实际上就成了保证社会中各个成员心理健康的重要因素。不管是穿戴装扮，还是家具的布置、建筑、树木和草坪，都具有其特定的情感意味，因而能影响生活在这个环境中的人们的心理状态。

如果说，我们之所以能对周围事物作出种种情感反应，是因为我们能以公共中通用的情感意义来解释这些事物，那么这样一些解释方式究竟起源于何处？我们说，它们有多种来源，有的来自宗教，有的来自心理学，但最多的还是来自于艺术。由于艺术总是帮助人类解释自己的情感，因而是人类情感理解的最主要源泉。一般人们大多数时间都沉浸在日常功利性的事物中，虽然能够体验到，也能够模糊地意识到我们所处的时代的情感状态或倾向，但不能看到它们的本来面目，直到艺术家运用语言文字、动作、色彩和形状等，将它们清晰地呈现出来，人们才突然醒悟。这就是说，如果没有艺术家对人类情感的理解，一般人也很难理解自己的情感。当然，我们对情感的理解大都是由传统和习俗决定的，但是随着生活环境和时代精神的改变，仅用传统的那一套办法就很不够了，此时，艺术家们就会站出来，通过种种试验，找到一种新的理解我们自己的方式，以便对改变了的生活环境、时代精神作出更好的解释。正如瓦西里·康定斯基在《论艺术里的精神》一书中表述的那样，艺术家总是站在一个与众不同的立场上，从一种全新的角度观看这个世界。随着这种新的视点和视像被越来越多的人接受，它自身又沦为传统的陈词烂调和毫无生气的老生常谈。而这些陈词烂调和老生常谈反过来又激发出一种对更新的艺术视角的需要。如此下去，以至无穷（如图4-1）。

（a）中国当代艺术家张晓刚作品

（b）英国当代艺术家弗兰克·奥尔巴赫作品

图4-1 艺术帮助人类解释自己的情感

那么怎样使某种感受到的情感的或精神的内容在由色彩、线条、形状、图像等构成的物理结构（比如一幅画、一套服装设计作品肯定是物理的实在物）中得到艺术的体现呢？也就是怎样由情感转换为具体的、让我们可理解的艺术形式呢？这个问题主要涉及两个方面，即交流与媒介。社会中的各成员感知外部世界时都是依据特定的情感"语言"，不管这种语言是先天就有的，还是后天学习的，不管它的历史背景如何（是生物学的、还是社会学的，还是心理学的）其结果都一样：这个社会大多数人都用同样的情感语言来观看和体验这个世界。而这正是艺术家、设计师所需要的原始材料。这种材料只能是一个出发点或基础，艺术家必须把这种材料转变成一种全新的东西。但为了使这新的东西为公众接受，他就必须使用为人们熟悉的材料，这是实现沟通与交流的基本要求。这种情况同文字语言是一样的，我们可以用文字语言表达出相当新奇和独创性的思想，但必须使用为人们熟悉的字眼。由于在某一社会群体中各种事物都有自己确定的文化意义（客观），艺术家就可以按照自己的需要随时利用它们。一切创造性的艺术家都要利用旧的文化意义去创造新的文化意义。另一方面，一件艺术品表现的欢乐和悲哀，很难同它采用的色彩、线条，或声音、词语等分离开，艺术家总是用这些东西表现自己的直觉，使之变成一个能为公众接受的外部艺术品。换句话说，绝没有离开表现媒介而单独存在的意象或概念，一个画家总是用色彩、线条、形状去思考，一个服装设计师总是用款式、色彩（面料）等去思考，一个音乐家总是用音符去思考。一个艺术家并不是先脱离开色彩、语言或声音，想出他要表现的东西，然后再考虑用什么方式去表现他想出的"概念"或"意象"。只有当他能够用语言、色彩等形象表现这些"概念"时，才真正形成了某种审美概念——绘画的、诗的等。总之，艺术家的任务是采用一定的媒介将人类情感组织成一个有机的整体，而且即便是最微妙和最深奥的概念和想法也都必须用一种为公众接受的形式去表达（如图4-2）。

（a）陕北民间艺术家的作品　　　　（b）中国当代艺术家周春芽作品

图4-2　色彩具有象征性的一面

相关知识与任务实施　　色彩的情感效应

人们常常感受到色彩对自己心理的影响，色彩赋予我们诸多情感与精神内容。这些作用总是在不知不觉中发生，左右我们的情绪。色彩的情感（心理效应），发生在不同层次中，有些属于直接的刺激导致的（单纯性情感效应），有些通过间接的联想达到更高层次，涉及人们的观念、信仰（复杂性情感效应），在实际感受中，这两种效应往往很难区分开。色彩的情感效应非常直接并有着自发性、先验性，当人的经验形式与色彩刺激形式具有相同的结构时，情感被激发起来。这种"相同的结构"（简称同构）不是先天的，而是在社会生活中积累的。当然，色彩的情感作用绝不会是由知识附加给它的某一解释所引起的，毫无疑问的是色彩能够有力地表达情感，无论有彩色或无彩色，都有自己的表情特征（如图4-3）。

（一）色彩的单纯性情感效应主要与色彩的三属性刺激相关联

由色彩的直接刺激所引起的视觉心理感受是进入色彩审美经验的门户，也是色彩设计所依靠的基础。

色彩的兴奋、沉静感：决定因素是色相和彩度。一般来说，红、橙、黄的纯色令人兴奋；蓝、蓝绿的纯色令人沉静。同时这些色，随着彩度的降低其兴奋与沉静感减弱。

色彩的冷暖感：主要是色相的影响。色环中红、橙、黄是暖色；蓝绿、蓝、蓝紫是冷色；红紫、黄绿、绿、紫介于两极之间；白色偏冷，黑色偏暖。

色彩的轻重感：由明度决定，明度同时由彩度决定。以蒙塞尔明度轴为准，明度6以上感到轻，明度5以下感到重。

色彩的华丽、朴素感：受彩度的影响最大，与明度也有关系。彩度高或明度高则呈华丽、辉煌感，彩度或明度低的色则有雅致和朴素感。

图4-3　不同色彩具有其特定的情感意味

色彩的明快、阴郁感：受明度和彩度的影响，与色相也有关系。高明度和高彩度的暖色有明快感；低明度和低彩度的冷色有阴郁感。白色明快，黑色阴郁，灰色呈中性。

色彩的软硬感：主要取决于明度和彩度。明浊色有柔软感，高彩度和暗清色有坚硬感。明清色和暗浊色介于两者之间。黑、白坚硬，灰色柔软。

色彩的强弱感：受明度和彩度的影响。低明度高彩度的色感到强烈，高明度低彩度的色感到弱。

色彩的空间感:取决于色相和明度。明色有扩大感,暗色有收缩感。暖色有前进感,冷色有后退感。在立体空间中,暖色、强烈的色、高彩度的色感到距离近,冷色、柔和色感到距离远。

(二)色彩的复杂性情感效应主要与色彩的知觉与抽象联想等更高级、更复杂的心理现象相关联

色彩的抽象联想是靠人的知识、经验维系的,年龄、性别、职业、所身处的社会文化及教育背景等因素都会引起联想的差异(如表4-1)。

表4-1 色彩与抽象联想

颜 色	关联和意义——色彩的抽象联想
白	清洁、神圣、清白、纯洁、纯真、神秘
灰	独立、自省、分离、沉默、孤独、平凡; 忧郁、绝望、荒废、死灭
黑	沉默、严峻、静寂、刚健、坚实、保护、严肃、限制; 死亡、阴沉、悲戚、生命、冷淡、悲哀、罪恶
红	热情、革命、热烈、喜悦、活力、力量、爱情; 愤怒、野蛮、幼稚、危险、急躁、肉欲、卑俗
橙	快乐、安全、创造力、明媚、明朗、欢喜、温情、甘美、华美; 嫉妒、疑惑、刺激、可怜、低级、焦躁
褐	古朴、沉静、坚实、古雅、朴素、养育; 世俗、退却、狭隘
黄	明快、明朗、希望、发展、乐观、光明、泼辣; 轻薄、猜疑、优柔、担心
黄绿	青春、和平、新鲜、跳动、希望
绿	新鲜、和平、理想、希望、深远、永远、公平、成长、真诚、放松; 抑制、俗气
蓝	无限、理智、平静、沉着、冷静、悠久、容忍、宽广、忠诚、严肃; 冷淡、薄情、冷清、冷酷
紫	高贵、古雅、优雅、高尚、古风、优美、神秘、严谨、沉思; 消极、消沉、不幸

任何事物都具有情感特征,而且这个社会中任何一个成员均可经验到其特定的情感意味。在这里色彩的抽象联想可以等同于语言形象,由于人们在心理感受上能产生的等价联想,语言形象与色彩所包含的形象有共通的感觉(如图4-4~图4-6)。

图4-4 语言形象与色彩形象有共通的感觉

图4-5 人类对色彩所包含的形象有共通的感觉

此图收集整理出24个相反的语言-色彩形象，从一个侧面反映出色彩的情感效应

图4-6 抽象的语言转换为形象的色彩——以流行预测主题与色彩为例

任务小结

综上所述，我们可以针对色彩问题作出结论。

① 对色彩的选择（设计）属于审美范畴，所谓色彩艺术的表现，就是对一种情感的审美理解（观照），即从一种"情感状态"转变成一种"美的意象"。事实上，色彩的审美观照是将色彩设计者与色彩使用者联系起来的唯一途径（色彩＝审美观照）。

② "色彩的感觉是一般美感中最大众化的形式"，色彩是一种公共性最强的语言，作为人与人之间情感交流的重要媒介而广泛存在（色彩＝交流语言）。

③ 情感的两重性（主观性和公共性）决定了色彩设计者和色彩使用者都是审美观照的主体。因此，色彩设计者必须敏锐地意识到我们所处时代的情感状态或倾向，运用色彩形象将它们呈现出来，自觉地认识色彩和创造色彩，就是艺术地、情感地把握现实（色彩＝社会意义）。

④ 设计者最容易通过色彩去表达他的设计意念，因此我们必须懂得和色彩沟通，像了解文字语言中的词汇一样理解它们各自的含意，它们是设计者表达各种情感、理念和信息的载体，是和公众沟通的桥梁。色彩之于艺术家、设计师就像音符之于音乐家、语言之于演说家一样重要：每一个音符或字词的自身用法，加上与其他音符或字词的关系，以及其特有的听众群，决定了它们自身所要表达的一切。

知识拓展 色彩审美的影响因素

色彩脱离它们本身仅有的含义，与社会文化结合起来时，就变得意义丰富而复杂。当人类生活产生巨大的变动，心灵中存有伟大而深沉的内容时，色彩就成了他们不可缺少的精神寄托空间。

决定色彩审美的因素与某些重要的社会因素和个性因素有关，具有强烈的地区和阶层性，具有很强的时间性和空间性（比如某种色彩往往随着它对人的用处的不同或是否流行而引起不同的反应）。

（一）不同的文化特征、不同的生活方式，有着不同的色彩喜好与需求

某一个体对色彩的喜好折射出的是所属群体的社会性，文化共识是审美共识的基础，色彩的喜好基于文化认同（如图4-7）。

图4-7　不同的阶层形成不同的文化特征，由这些特征形成各自独特的审美现象

（二）审美态度在共同的地域背景和人文背景下有大致相同的或相似的表现

对色彩审美心理影响的主要因素在于经济、文化和艺术。在特有的文化、地域色彩环境影响下，人们往往有独特的区别于其他色彩环境的色彩审美情趣，这就决定了这些特定区域的色彩的取向（如图4-8）。

图4-8　中国人的内心深处都有着红色的情结，这样的颜色被人们持久地选择

（三）社会思潮对色彩审美态度的影响较大

政治、经济、文化的一些重大变化形成潮流对色彩审美的影响是非常广泛深刻的，有时具有决定性意义。这些由政治、经济、文化、生产技术进步引发的社会思潮首先体现在一些艺术载体上，如影视、美术、戏剧、音乐、小说等这些可能影响人们的审美情趣的艺术现象，

以及各个与生产技术进步有密切关系的设计领域，如服装设计、室内设计、家具设计、建筑设计、工业品的造型设计、纹样设计、手工艺品设计等。这些艺术设计领域的审美情趣的变化对色彩的喜好往往有较大的影响（如图4-9）。

图4-9　社会思潮、文化艺术影响人们的审美情趣

（四）生产技术的进步极大地改变人们的审美态度

计算机技术的进步和网络技术的发展使我们步入后信息时代，距离感的消失、直接、无所顾忌、简单、自然等这些后信息时代的特征正在影响我们的方方面面；纱线原料和纱线织造技术的进步已经为服装色彩打开了一个新的表现领域，色彩外观的新鲜感也是影响色彩选择的重要因素（如图4-10）。

（五）个体因素对审美的影响不容忽视

在大的地理环境、文化背景和生活环境相同或相似的条件下，个性心理包括气质、性格、动机等都是影响色彩审美的变化因素（如图4-11）。

（六）当前色彩审美方面普遍关注的问题

包括：对传统和艺术的回归、人性的反思、对快乐和简单的追求、重视自然和自然的力量、技术的发展等。

图4-10 生产技术的进步改变人们的审美态度

图4-11 个性中的气质、性格、动机等都是影响因素

服装色彩

任务二　服装语言解读

任务分析　服装语言解读

社会学家告诉我们，服装是一种符号的语言，一种非言辞系统的沟通。服装是一种传达穿着者信息的"无声语言"或符号系统。数千年来，人类初次的沟通都是通过服装传达信息的。人们在各种场合还没交谈之前，通过穿着已经可以得知对方的性别、年龄和社会阶层，甚至可以读出一些更要紧的信息，比如职业、出身、个性、品味、兴趣，还有最近的心情。对于服装语言的解读，我们可以运用不同的理解方式去细心体会，通过服装观察到的结果在不知不觉中已经牢记于心；交谈的双方都用同样的方式在互相评价。可见从人们谋面的那一刻起，已经用一种比语言更古老和更具世界性的语言在彼此沟通，这就是服装。巴尔扎克说装扮是"一种内心思想的持续表现，一种语言，一种象征"。从来没有孤立的服装色彩设计，设计者对服装的本质问题需要有见解，而独立见解是建立在对服装及穿着者具有敏锐知觉与观察力的基础之上的。设计师要学会运用独特的理解方式解读消费者的不同需求。

相关知识与任务实施

（一）服装语言形式

1.服装的词汇

如果服装是一种语言，就必须和其他语言一样，有词汇和语法。也像人类语言一样，服装语言应该有很多种。在每种服装语言间，也存在有不同的方言和腔调。犹如口语一样，每个人有自己特有的词汇和多变的语调和语意。服装的词汇就是我们常说的服装服饰，包括衣服、发型、装饰配件、化妆品等。只是每个人拥有词汇数量可能大不一样，穷困山村的农民可能仅有几件保暖遮体的衣服，配来搭去就那么几个有限的"词汇"，表达最基本的概念而已。例如，贫困山区的孩子们对于衣服的理解只有诸如棉袄、棉裤、棉鞋、单衣、单裤、凉鞋、白色、黑色、红色、蓝色、绿色等。大城市时尚潮流的领导者可能拥有几百件服装，这几百个供其表达的"词汇"能够组成成千上万不同的"句子"，传递许多不同的含意，展现各自的审美特点。不论是在商场或是在自家衣柜里挑选衣服，挑选什么样的衣服就是在定义和形容穿着者自己（如图4-12）。

图 4-12　贫困人家拥有的服装词汇相当有限

2. 古老的语言

服装语言就像说话一样，也有现代语和古代语，本地话和外来语，方言、口语、俚语和粗话。穿着从前的衣服，或是有技巧地模仿从前的衣服，就像作家使用古语一样，呈现一种文化、学识或才智的味道。人们日常生活中绝不会全身都穿一个时代的衣服。如果真的那样穿，反而让人觉得是在演出，或做广告。如果混杂一些不同时期多样式的服装，则暗示一种迷惑但是独创的夸张人格（如图 4-13）。

（a）19 世纪西欧时装画　　（b）18 世纪中欧民间服装　　（c）唐代宫廷服装

图 4-13　不同时期多样式的服装

3. 外来语

本国服装中有外国服装的风貌叫外来语。众所周知，汉文字语言具有强大的生命力，虽然对外来语不断吸收而本色不改愈发健壮。可奇怪的是，与汉语完全相反，当代中国的主流服装语言几乎都置换成了外来语，甚至现在我们本能地用外来语对服装进行思维。不可否认我们曾经拥有的悠久服装历史和博大精深的服装文化已经成为遥远的梦，服装语言的传统早已割裂，以外来语为主流的当代中国服装没有传统只有"拿来"。也正因为外来语的根在彼不在此，所以，经常会发生设计者和穿用者用错词或词不达意的现象。构建真正属于我们的服装文化任重而道远（如图4-14）。

图4-14　国外某品牌服装广告

4. 俚语和粗话

俚语就是日常会话，不求咬文嚼字、严谨精密，但求轻松、随意，对应的衣服是便服，像牛仔裤、运动鞋、围裙和家居服等。这类服装宽松、随意，色彩不拘一格，不宜在正式场合穿用，适合普通场所。

就像人在某种特殊情况下，比如在强烈愤怒情绪支配下忍不住要口吐脏话、粗话一样，服装语言里讲"粗话"的情况也不少，当那些很少出现，而且一般被禁止的服装字眼突然出现时，会有比较大的冲击力。

通俗甚至低俗的流行服饰最终都有可能收入"字典"变为正统，比如牛仔裤（如图4-15）。

图4-15 朋克服装

5. 形容词和副词

服饰品和附件作为修饰词在西方的服装传统文化里是服装的重要部分,一直很受重视。在我国少数民族传统服装文化中,服饰品占有非常重要的地位(如图4-16)。

(a)18世纪奥地利传统服饰　　　　　　(b)我国哈尼族传统服饰

图4-16 装饰品和附件是形容词和副词,对整体服装起修饰作用

6. 特定场所和时间的自我发言

任何服装的意义,都和说话一样,要视环境而定。任何地点和时间的改变都可能改变服装的意义。穿上合乎某一场合的服装,表示他融入了该环境,没有顺应这些标准的人,在他人看来多少有点不参与的意思(如图4-17)。

图4-17　参加奥斯卡颁奖晚会的西方演艺界名流各色服饰

在语言上，有的人能把一句话表达得清晰而有品位，有的人却不行，不是说的不合时宜，就是说得糟糕透了。在装扮上也是如此，态度和物质内容一样重要。从古至今都是"以貌取人"，一般而言，清洁是体面的象征，是身份地位的象征，或者至少是一种自我尊重。

7. 普通语言和极端语言

服装的表达和语言一样，从最异常的陈述到最普通的陈述都有。最异常的是穿着极度不一致的装束，就好比说话时把句中正确的文法秩序更动了，或者从异样的角度陈述，看起来就会非常独特，甚至很疯狂（如图4-18）。

（a）参加万圣节晚会的服装当然不能普通　　（b）极端的表达看起来确实很疯狂

图4-18　极端语言的服装

最普遍的是穿着传统的普通服装，在每一个名称下有其既定的风格，人们一看就能"对号入座"，这是医生、那是初入社会的女孩等。社会学家认为"去认同和主动参与某个社交团体，都会和人类的身体和身体上的装饰品和衣服扯上关系"。个人的社会角色越重要，他或她越可能特意去装扮（如图4-19）。

某些情况下，传统的普通装束在外来人看来可能像"制服"一般标准。比如像高中生穿蓝色牛仔裤、运动鞋和T恤衫，政府或公司职员穿西服套装打领带。可是一些对着装极为讲究的人却会留心其中的差异。有人能从西服的裁剪和面料猜出对方的收入，瞥一眼高中生穿的牛仔裤，就可以分辨裤子上的补丁是机能性的、装饰性的，还是真的不小心弄破的，是昂贵的李维斯（Levis）牛仔裤，还是打折便宜货。

图4-19　以珍贵的传统工艺为卖点，充满细节的昂贵定制服装

（二）服装语言与行为

1.制服

最没有个性的衣服，就是完全由别人来决定的衣服——制服。无论穿上哪一种制服，军人、邮递员、领班、足球队员或企业员工，穿上制服就是放弃扮演个人的权利。就语言来说，是部分或完全被限制。一个人该做什么就像他该穿什么一样，都由外界的权威所决定。制服的目的在于将不同的个人转变为同一团体的成员。制服不像一般老百姓的衣服，它常常是象征性的——政治的、国家的、法律的、某一团体的、显示穿着者地位等（如图4-20）。

图4-20　身着中国工商管理制服进行队列训练的女职员

2.富于表现力的语言和拙劣的语言

就像有才能的作家冒着被人笑骂的危险，将别人想象不到的文字或影像组合起来一样，有才能的设计师也懂得通过组合老式和新式、本土和外国、民间和正统的服装元素来表现丰富的个人主张（如图4-21）。在服装语言中，陈词滥调和疯狂表达之间包含一切会话，雄辩、机智、讽刺、幽默、宣传、浮夸、同情、冷漠和非常罕有的真正诗意的表达。使用不当的强烈的色彩和夸张不谐调的款式就好比用太大或太刺耳的"声音"对着别人说话。

3.谎言和伪装

任何语言都可以透露正确的信息，也可以显示错误的信息，无论讲中文或说外语时都可

图4-21　当代西方设计师的服装作品

图4-22　影片《X战警》剧照

能撒谎。在服装语言上也一样，衣服上的谎言包括不诚实、含糊、错误、自欺、误解和捏造这些问题。衣服的谎言可能是善意的，比如借一身体面的套装去某大企业应聘；也可能是蓄意的，比如某女士通过穿着的服装暗示自己年轻，而实际正相反；或某男士衣冠楚楚地去招摇撞骗。服装谎言可能是自愿的，好比穿上假制服招摇过市；也可能是被迫的，比如不喜欢穿套装打领带的人因为单位有规定上班时必须要穿这类衣服就属此类情况（如图4-22）。

演艺服装是谎言的特例，为了剧情的需要演员临时伪装，观众自动配合一起进入角色，这时大家都明白：这是在演戏，不是真的。然而，有时候只是演员暂时的伪装，却成了一般大众每日必穿的衣服。这有赖于大众传媒的普及和巨大的影响力。我们都知道通过服装可以迅速而明确地传达出年龄、阶级、地域、民族，可能还包括职业和性格，对此电影、电视等节目的导演当然很清楚。假如剧目的设计师特地为一位演员设计一件或几件衣服，而这个剧目一经公演迅速走红，结果剧中这位演员的衣服就会被看过节目的人接受并模仿，他们穿着以后又有更多的人模仿，最后就真的演变成了标准而纯正的装束了。

4. 为"成功"而装扮

当今的困难是矛盾复杂的服装价值观。我国传统的文化、习俗强调内心的善，而不注重外在的美，认为衣着简单朴素洁净符合美德。在西方担任流行指南角色的书籍和杂志多年来一直教导人们如何装扮会更优雅、更富裕、更有教养，而且能对异性散发吸引力。现在东西方的着装观念都改变了，至少大部分改变了。专家们致力于教导女性如何升迁，男性如何着装可以让人看起来更有效率、更有权威，并且值得信赖；经营商通过各种广告和时尚杂志告诉人们，要让自己呈现最美好的一面，要使用化妆品，要解放内在的自然美；流行专家告诉人们是到了用时装表达个性自由的时候了。这些改变随着商品经济的快速发展成为不可逆转的趋势，这当然没有什么不好。只不过现在服装担负了过多而又相互冲突的需求，普遍的心理反应会表达失序。例如购买冬季服装的男士，希望衣服可以保暖，看起来要值钱、时髦，同时还要展现他的教养和身材，足以吸引某一类女性等。一件衣服当然不可能满足所有这些需求。所以，正如语言常发生的一种情况，那就是想表达的内容又多又矛盾时，没办法找到正确的"字眼"说出想表达的意思。这大概是人们时常抱怨买不到合意服装的原因之一（如图4-23）。

图4-23　法国某服装设计师高级定制时装发布会

5.穿衣服的目的：实用、地位和性吸引

人们穿衣服也像讲话一样，是有原因的：让生活和工作更舒适、更容易，宣告或伪装我们的身份地位，还有吸引异性的注意力。西方服装学者将这些动机命名为实用主义、阶级主义和魅力主义。现代社会服装方面的实用主义（主要考虑保护功能方面，比如御寒保暖等）已经被阶级或魅力主义所牵引，在更多的集会场合所穿的衣服虽然也遮风蔽体，但主要是用来显示穿着者的身份地位，或者让他或她看起来更有魅力。甚至原本功能性很强的衣服，比如为了战争、危险的工作或激烈运动所设计的服装，现在都迅速而彻底地变成流行（如图4-24）。

图4-24　现代服装的功能主要是用来显示穿着者的身份地位，或者让他或她看起来更有魅力

微信扫码
8.求同求异心理

服装色彩

任务小结

人的整个外观是由服装、饰物、人体特征、情绪状态共同构成的。其中服饰常常是最重要的因素。服饰语言是指通过人的衣着打扮，揭示人的思想性格，传递信息，增强交际效果的一种表达手段。即使沉默无语，服饰作为一种符号和象征，也在表明你的身份、个性、气质、情绪和感觉，也可以反映你的追求、理想和情操。服饰同人的言谈举止一样，有着丰富的传播功能，它能显示你的职业、爱好、性情、气质、修养、信仰等，一般来说，它的变化对人的影响传递信息的速度比语言文字还快。

知识拓展　色彩在服装语言中的作用

服装是人类生命里唤起强烈情感的一面，有些热情愉快，有些则相反。电影里表现主人公的幻想场景必然涉及许多美好的衣服；最令人不安的噩梦，则是发现自己衣装不整或赤身裸体地站在公众场合。在服装语言中，最重要的符号、最直接的影响是色彩。

服装的色彩就像语言的声调，会改变服装其他部分，如款式、面料和饰品的含义。就像"你想和我跳舞吗"这句话，可能是羞怯的轻声细语，也可能像挑战一样把话甩出去，所以同一款式的礼服，白色和紫色的意义就全然不同。在某些情况下，有些色彩的使用还要受到既定的风俗习惯的约束，比如色彩的禁忌等。

色彩虽然是心情的标志，但不一定绝对正确。因为传统习惯已经设定了某些色彩。比如，作为礼服的男西服必须是深蓝、深灰等沉着稳重的颜色，只有衬衣、领带才可能表达自我感受。

色彩的含义会根据穿着的时间和地点不同而有所改变。比如同样一件红色的衣服在办公室穿和舞厅穿完全不同；大热天可以穿浅色西服，但在寒冬穿就让人觉得很不正式（如图4-25）。

图4-25　几乎同样的色彩在不同的语境里出现其含义也不相同

任务三　服装色彩意象

任务分析　　色彩意象

从消费文化的角度看服装，所有种类的服装都有追求新异性的取向，一种面料、一种颜色的服装多年不变仍能畅销的情况不可能发生。只是常规性服装色彩的新异性是稳定地升级换代，呈渐进式；而时髦服装色彩的新异性为求标新立异、不落俗套，反叛的意味更浓一些，呈跳跃式。当然，彻底反传统也很难为大多数人接受，往往被看作是少数人的怪诞和心理扭曲。因此，服装色彩的创新，总体上呈开放式的螺旋运动，只能说是似曾相识。

无论是稳定地升级换代的色彩创新，还是标新立异、不落俗套式的色彩创新，最终目的还是"让消费者感觉到我的感觉"，即通过设计让消费者认可，引起共鸣。同样是从事色彩设计，有两类明显不同的工作理念。一类是把关注点完全放在消费者上，通过对消费者需求的各种调查研究，在取得客观参数的基础上"合乎逻辑地使用（色彩）语言"。这一过程中理性成分居多，逻辑性较强，好比用小说或散文里"合理叙事铺陈情节"的语言手法来唤起色彩消费者感情。另一类更像诗人，打算对语言的使用采取"另辟蹊径"的方式来引起共鸣，他们把更多的关注点放在了"观念"上，"观念"中与大众、社会、自然、人性相关的一切成为他们思考的角度、追求的目标以及创意的萌点。他们想象丰富、畅然神游，出人意表，以独特的艺术演绎方式带给色彩消费者更为超脱、辽阔、悠远及更具有幻想的审美感情。前者重"理"，后者重"情"。理念上偏重于情也好，侧重于理也罢，设计者心中的情感、理念或谓之设想、计划都必须转化为具体色彩及其和谐搭配方能让消费者感知，进而引起共鸣。

一些专业机构发布的预测信息，其形式是色彩，归纳的逻辑是主题，对创意色彩的表述形式，多用富有丰富视觉信息的画面配以轻描淡写的文字解释，是我们学习创造色彩新意象很好的范本。下面我们通过解读几组色彩意象创新实例，以窥色彩设计师们是怎样致力于打开色彩新领域的。

相关知识与任务实施

（一）主题的意象

以某秋冬青少年装的主题"奇境"为例。

梦幻与现实之间的界限越发模糊。起源于真实世界的幻想意象、色彩与物体正由于增强的技术而更强大。超音速盛开的花朵将以其彩色花瓣与茂密树叶覆盖表面。全新纹理将演变自动物材质，鸟禽的羽毛与蜘蛛运用一系列的中性色与电光色形成图案与3D表面效果。

1. 梦幻飞行

幻觉或令人惊奇的反差，都将导致人们感知的改变与对传统美学的质疑。在貌似不妥的部位使用非传统材料，此举将创造出革命性的设计、新的手法和准则。梦幻般忧郁的蓝色调变为紫罗兰色和艳红色。当我们坠入一个奇妙的幻想世界，美学将被无限的夸张和放大。受经典故事爱丽丝梦游仙境的启发，一系列幻真版的奇怪玩意儿产生了，歪曲幻想的图案随之产生共鸣。错视法技巧的运用表达出不可能的深度与角度，使面料生动活泼。刺绣点缀于真实照片图像的组合打破传统（如图4-26）。

图4-26　为"奇境－梦幻飞行"提供灵感和基础的图像及相应的色谱

2. 超现实主义

超现实主义将展现全新梦幻般的意象，出人意料的材质与非现实形态融合。超现实主义艺术家打开通往感官世界的大门。随着我们不断将自然形态与纹理推向新层次，大自然的奇迹也被以全新方式发掘。采用饱和色与趣味纹理，打造更显著的美感（如图4-27）。

图4-27　为"奇境－超现实主义"提供灵感和基础的图像及相应的色谱

3. 花卉世界

随着鲜花散发芬芳,自然界也被重新审视。繁花冲击着嗅觉、视觉与触觉体验,大量扭曲的图像与色彩借用微妙的人工边缘揭示强化版的大自然。新鲜的叶绿素则为枚红色、紫罗兰色与洋红色营造出绚丽的底色。精致的玫瑰花瓣激发柔美的植物感。大量大号花朵唤醒并激发图样与修饰物的触感与感官。天鹅绒般柔美的洋红色、桃红色与紫红色的芳香焕发更多繁华胜景(如图4-28)。

图4-28 为"奇境-花卉世界"提供灵感和基础的图像及相应的色谱

4. 动物世界

鸟禽羽毛与甲虫翅膀为冬日色调增添了意外的一抹亮色。丰富的翡翠绿以及蓝绿色在烟灰色的背景下融合珊瑚红及亮黄色。运用自然材质打造复杂的昆虫形体,演绎优美的自然色彩,赋予惊喜与奇特的图案。蝴蝶翅膀中的精致染色激发大量模糊的表面效果。梦幻视觉将自然色调演绎进幻想加工中。面料也在起泡的层次中飘荡褶皱。受动物纹理的影响,昆虫甲壳、巨型羽毛与蛇皮演绎为丰富的材质表面(如图4-29)。

图4-29 为"奇境-动物世界"提供灵感和基础的图像及相应的色谱

（二）主题的服装色彩意象

某秋冬季男装流行主题"每分钟节拍"的服装色彩意象（如图4-30～图4-32）。

每分钟节拍：用生动的绘图和技术方式描绘最细微的美妙混合式乐章。

关键词：细微、技术、图形、醒目、清晰、整洁。

图4-30　为"每分钟节拍"提供灵感和基础的图像

图4-31　"每分钟节拍"的色彩与面料选择

图4-32　"每分钟节拍"的服装色彩意象

任务小结

服装只是反映一个时代的态度，它们是一面镜子，而不是像科技发明那样的原创物。在商品经济条件下，人们需要服装、使用服装、丢弃服装，就像使用文字一样。因为衣服符合消费者的需求，并且表达他们的观念和情绪。他们会去买和穿在当时能够反映他们或他们希望成为什么样人的衣服，而其他那些不符合需求的衣服，不论怎样大肆宣传，人们都不会去买。真正有能力预测每一年人们希望衣服所表现的风貌的设计师肯定是天才的服饰艺术家。

设计师是一个两重性的角色，一方面必须依靠一个社会中早已得到确立的色彩的意义，另一方面又要创造出新的色彩意义，以揭示消费者随时代变化的价值观即情感。可以肯定的是，新的色彩意义是在以往的色彩基础上产生的；新的色彩必须要能与以往的色彩很好地融合，并且又有不同于以往的新鲜感。这二者是统一的、不可分割的有机整体，缺少任何一者都将使色彩的创意（创新）走向歧路。这正如我们在本章第一节所讲"由于在某一社会群体中各种事物都有自己确定的文化意义（客观），艺术家就可以按照自己的需要随时利用它们。一切创造性的艺术家都要利用旧的文化意义去创造新的文化意义"。

知识拓展　主题-色彩意象-色彩设计

以哥本哈根国际童装展CIFFKIDS发布的某夏季童装的主题为例。

（一）主题：多彩夏日（如图4-33）

呼吁纯粹的放松、欢乐度假，从日常生活中快乐逃离。带上夏日色彩、迷人的符号，快乐旋转吧，不要害怕会过分。在丰富撩人的诱惑与浮躁魅惑的欢乐时光中玩夏季破损的剑柄游戏。或选择冷酷、多彩预科生装束炫耀幽默感，或以沙滩装和美式休闲服饰营造聪慧悠闲的感觉，夏季再一次充满神话般的魅力。

图4-33　"多彩夏日"色彩意象与服装色彩设计

（二）主题：都市丛林（如图4-34）

一个时代的标志，都市丛林反映出人们需要一种强烈、大胆、充满气势的自信态度，更好地整合与对抗城市日常生活中的紧张。沸腾、高效、快节奏和优胜劣汰。城市环境中的日常生活慢慢演变成都市丛林，从梦幻般的原始森林获得灵感，刺激野性。它象征着对生存的渴求，动态、鲜活的原始力量的复苏。印花模仿和探究华丽伪装掩饰下的丰富的赤道几内亚野生生物，或者从当地传统中获得灵感和图案效果。

图4-34 "都市丛林"色彩意象与服装色彩设计

教学与实践评价

项目训练目的：
通过色彩的情感与服装色彩意象的教与学，让学生在任务学习中掌握服装色彩的情感与意象表达方式，为今后的专业学习打下坚实的理论与实践基础。

教学方式：
1. 让学生围绕服装与社会、人的生活方式展开讨论。
2. 教师结合具体服装引导学生观察、领会服装语言。
3. 通过多媒体让学生观看大量优秀服装设计作品。

教学要求：
1. 要求学生了解影响色彩喜好的多种因素。
2. 要求学生理解服装语言的多样性和复杂性。
3. 要求学生对服装色彩创意有清晰的认识。

实训与练习：

教师指定两个任务主题，让学生围绕主题进行服装色彩意象的创新实践。用粗放、轻松自由涂抹的方式表达色彩意象（而不是深思熟虑地注意很多间接资料后"填写"），既要有个性又能被别人普遍理解。

10.服装色彩与服装风格

11.服装常用色搭配+流行色

项目五
服装色彩设计是"以人为本"的再创造

学习目标

1. 认知服装色彩"真、善、美"的含义，并能根据"真、善、美"的含义了解它们各自的体现形式和方法。
2. 了解服装色彩不能仅从一般的色彩层面上考虑，只有把各种影响和制约服装色彩的社会化、个性化因素进行再创造，才能把"以人为本"落到实处。
3. 掌握服装色彩"以人为本"的设计内容，了解目标客户群的需求，色彩设计师、服装设计师、生产商的引导；面料色彩与图案纹样的关系。

项目描述

服装形式美感的重要因素之一是服装色彩，无论是纯艺术的创作还是实用性的设计，色彩的要素显示了它的无穷魅力。服装色彩不仅是服装形式的外向表现，它更代表了服装形式美感的象征意义。人们通过不同形式的感觉，认知外部世界的变化，进而做出合理的判断、欣赏、评价。感性的成分只有上升为理性的研究，才能形成科学的思维模式。诚然，服装色彩的学习与应用，无非也是围绕"人"来展开的；树立"以人为本"的设计理念和意识，更是我们从业者应该遵守的设计法则。"美是人的本质力量的对象化"，只有考虑人的因素来研究服装色彩，才能具有实际的可操作性和意义。

本项目重点任务有三项：任务一，服装色彩的"真、善、美"；任务二，"以人为本"的服装色彩社会化和个性化因素；任务三，服装色彩设计"以人为本"的内容。

任务一　服装色彩的"真、善、美"

任务分析　服装色彩的"真、善、美"

（一）服装色彩的"真"

服装色彩的"真"指的是服装色彩的原理性、规律性，即服装色彩的物理性能和色彩原理，一般体现在色彩的三属性（明度、纯度、色相）方面。服装色彩的明度是建立在色彩明度的基础上，不同色彩明度的组合，需要按照一定的客观规律形成有次序的、有前后的色彩视觉距离。例如，穿一件黑色的西装和衬衣，配一条深色的领带，这时候就需要考虑到它们的明度关系，否则会显得色彩灰暗、平庸。服装色彩的纯度是服装色彩的鲜艳程度，一般情况下，服装的色彩不能太艳、太纯。现实生活中，也会出现色彩很艳丽的服装，但如果搭配不好的话会显得很土气、很生硬。当然，在偏僻的乡村，今天还能看到色彩很艳丽的服饰，甚至是互补的色彩搭配，但在那种特殊的着装环境下，显得质朴而又单纯。按色相来分，服装色彩也同样具有各类色彩的特点和属性，人们根据各自的着装需要和色彩喜好而选择不同的服装色彩。服装色彩的"真"实际上是色彩属性的真实性，也是色彩的基本规律在服装上的特殊应用。

（二）服装色彩的"善"

服装色彩的"善"指的是其在伦理道德方面的含义，即服装色彩的心理趋向和感情色彩，主要表现在不同种族、不同文化、不同地域、不同宗教礼仪的人文思想和着装色彩方面。服装色彩"善"的行为是多种多样的，特别是在阶级社会中，服装色彩的等级制度实际上是一种对伦理道德的遵循。在日常生活中，服装色彩的"善"是随处可见的，在某种程度上，甚至是对一些色彩的忌讳。比如说我们去参加一个婚礼仪式，就不能穿过于刺眼或太花哨的服装，否则，就是对主人的不尊重；去参加葬礼时不能穿红色，虽然这是出于礼仪之举，但这正是服装色彩运用"善"的一面。中国封建社会时期的"三纲五常"，讲究服装色彩的等级观念，相对于当时的社会环境来讲，它符合该社会的着装审美观念，无论是统治阶级还是被统治阶级，大家都自觉或不自觉地去遵守着社会上的道德伦理思想，共同维系着当时的社会秩序。可见，服装色彩的"善"有维护和屈从于该社会环境的倾向，符合当时的社会文化特征的深层含义；如果违背当时的社会环境，则会被淘汰或被扼制。

（三）服装色彩的"美"

服装色彩的"美"指的是其在形式和构成上的含义，即服装色彩的形式美，服装色彩的和谐性。多表现在服装设计中上下装之间、内外衣之间、结构之间、零部件之间的色彩组合搭配和系列安排上。实际上，关于美的说法有很多，至今没有一个完整的定论。当然，服装色彩的"美"也是针对服装而言的，虽然它的范围有所界定，但它的内容却是很宽泛的。按照美学之父鲍姆嘉通的理解，"美是一种感性认识的完善"，那么，服装色彩的"美"也是一种对于服装色彩感性认识的完善，要想完善，得有过程和措施，服装色彩"美"的形式又是依附于服装造型之上的，它随着服装造型的完善而完善，服装造型的调整、修订，势必会影响到服装色彩的面积与比例的关系，它们相辅相成、相互影响。"美"是和谐的理念已得到许多人的共识，同样，服装色彩的"美"也是服装色彩的和谐，具体表现为服装色彩的实用性和装饰性要和谐统一。在色彩的运用上，前面已经讲过，色彩的对比与调和，色调组织，色彩的情感意象，都是围绕服装色彩的实用性和装饰性而言的。要取得和谐，就要充分掌握其规律性，合理的组织搭配，还要有较强的色彩组织协调能力。

相关知识与任务实施

（一）如何体现服装色彩的"真"

体现服装色彩的"真"，首先要掌握色彩的基本原理、色调组织、色彩的组合与搭配；其次应培养整体处理色彩的协调能力，并能在大自然中汲取营养，寻找色彩设计灵感，更好地把握对色彩的驾驭和应用。服装色彩的"真"在现实生活中是显而易见的，除了基本的色彩元素以外，服装色彩与材料、款式的关系也紧密相联。比如说，一场精彩的时装秀，除了要体现服装色彩的真实性以外，更重要的是要体现服装色彩的搭配细节，色彩与面料肌理效果的协调等。有史以来，人们对服装色彩的追求和热爱是没有停止的，无论是天然织物还是合成纤维，在保护机能的基础上，人们最大限度地发挥它们的装饰性。几个世纪以来，服装最流行的昂贵材料多是些沉重的花式布缎子，仿造的锦缎和天鹅绒，它们的色彩过多趋于凝重、低调，这与上流社会拘谨的生活方式有关，而这些凝重色彩的面料都曾经消耗大量的人力和财力。今天，这些手工的纺织品逐渐由机器来代替操作，合成纤维的面料色彩虽然很鲜艳，但从服装卫生学的角度来看，它对人的皮肤并没有太多的保护性，所以也就逐渐退出了人们着装色彩的视线，而天然的面料色彩逐渐被人们看好。另外，服装色彩的"真"还体现在款式的设计上，好的服装设计作品不仅要用合体的结构、恰当的面料，更重要的是适合的颜色。一件工艺精湛、款式新颖、线条流畅的羊绒外套，如果选择的色彩过于花哨、刺眼，可能会减弱服装本身的实用和欣赏价值，使之与整个的着装环境、着装氛围相差甚远。可见，要体现服装色彩的"真"，就要恰如其分地传达服装设计中的其他因素，并能与之相协调。

作为服装色彩的"真"，单从色彩的三属性上来讲，不同的文化背景，不同的风俗习惯，服装色彩的表现形式也不一致。人们着装色彩的外观情景是一种长时间的、固定的外观符号，这种符号代表了一定的社会意义，这种社会意义就形成了人们对这一符号的固定认识。例如，古代人们从红色的天然植物中提取染料，染出自己喜爱的布料和装饰物，这种天然的染色成分经过历代的延续和继承，形成了概念性的色彩知识，并以文字形式的记载使它成为理论体系，使后人得以应用和推广，来实现服装色彩"真"的存在（如图5-1）。

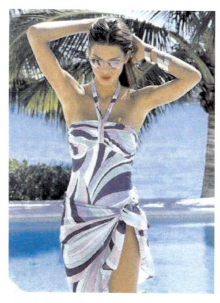

(a)《国际纺织品流行趋势》推出的07/08秋冬羊毛和棉质的平针织面料混搭绗缝效果的面料　　(b)服装色彩的"真"有时是对大自然色彩的概括和模仿

图5-1　服装色彩的"真"

（二）如何体现服装色彩的"善"

体现服装色彩的"善"，首先要了解中外服装史的历史演变，了解不同时代、不同民族、不同地域人们的服装色彩倾向、心理特征、色彩情感；其次要熟悉服装市场销售、成本管理等商业价值性。法国政府通过了一项法律，禁止公立中小学校的学生穿戴宗教服装；美国公立学校的服装限制通常集中在风格和时装方面，目的是让社会上的未成年人尊重服装及服装色彩"善"的一面，以免引起不必要的社会问题。实际上，宗教服装被很多的设计师所借鉴和利用，世界上有很多的民族宗教服饰在保持着自己的传统特色，继承先人宝贵的服饰文化财富。"以人为本"的色彩设计理念，虽然在"善"的概念中伦理的成分占的比重大，但服装色彩的商业价值也是不容忽视的重要环节。只有把传统的民族特色与国际市场化的运作结合起来，才能更加体现服装色彩中"善"的真正内涵。要体现服装色彩的"善"，我们还要解读服装，了解它的一些代表性的符号系统，当然也包括服装色彩方面的使用历史、文化特征、通俗习惯、书面称谓、地域差异、年龄层次等内容。文化差异很大的两个民族或国家，是很难在服装色彩的应用上形成统一规范的，虽然在国际上或世界性的社交场合，大家在着装色彩上能临时性地取得一致，但长时间后，大家还是退回各自的色彩领域，固守着自己本土的服装习惯用色，这种习惯性或许就是对传统、对伦理的一种继承和延续，这也是对服装色彩"善"的一种理解。服装色彩"善"的一面与流行时代也紧密相连，中国服饰史上，几次大的服装飞跃与变革，都涉及服装色彩的变化与改革。原始社会服装色彩简约实用；奴隶社会服装色彩等级分明；封建社会初期古朴庄重，中期豁达开明、清新自然，末期华美艳丽，独树一帜和东西结合，构成了服装色彩"善"的丰富多彩性。每一个时代的服装色彩的展现，都体现了该时代的人们对服装色彩"善"的追求。正如钱钟书先生所说：我们能从麦浪、沙丘的波纹中看到风的姿态（如图5-2）。

（a）我国少数民族东乡族的宗教信仰是伊斯兰教，老教男子多穿挂裤、长袍，头戴黑色号帽，帽顶用六块布缝制而成。新教男子多穿小翻领黑色制服，号帽帽顶用整块布缝成。东乡族妇女一般都戴盖头，这是源自伊斯兰教经典规定，妇女的头发是羞体，需要遮掩。东乡族的服饰特色体现了对宗教的信仰和虔诚，是一种伦理道德观的良好继承，也是服装及服装色彩"善"的一面

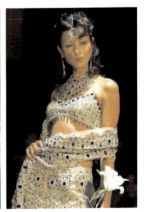

（b）传统的服装色彩、纹样是现代服装设计的源泉，市场的需要正是人们对服装色彩"善"的追求。在印度首都新德里，模特展示服装大师 Manish 和 Payal Chhabra 设计的 2005 秋冬时装

图 5-2 服装色彩的"善"

（三）如何体现服装色彩的"美"

服装色彩的"美"与服装的构成、设计、展示、销售等因素都有直接的关系，它强调的是服装色彩的艺术性和装饰性。服装色彩是"人为之物"，人在本性上就追求色彩，人既创造了不同的服装色彩，同时又被服装色彩所创造。色彩的象征意义和表现形式早已被设计师们津津乐道已成为不争的事实，但人们对服装色彩"美"的追求却在永无止境的延续。依靠着装者的审美需求，依靠各自对服装色彩的"通感"效应，去把握和运用服装色彩的"美"。要

体现服装色彩的"美",还要考虑到服装色彩与服装造型的依附关系。首先,服装色彩要有独特的风格,一般情况下,每一位设计师在选定色彩搭配方案时,总是寻找着多个色彩搭配方案,然后在其中筛选,根据认识需要进行取舍,实际上要减少服装的用色,也是一件很痛苦的抉择,在人的主观意识形态中,色彩越丰富越有表现感,好像只用很少的色彩系统很难表达出设计者的意图,但权衡之后还是忍痛割爱,留下最有代表性的色彩,以保持与设计风格的协调性,这也是服装色彩少色性的一面。服装色彩的"美"还要符合社会文化的流行。流行色的推出,无非为服装色彩"美"的设计提供了参考和依据,服装色彩的体现要符合社会文化的流行,才能真正体现出时代美。否则一件过时的衣服,无论色彩多么绚丽,也不能体现出流行的美;当然,这也只代表了它以前的色彩历史。服装色彩的美主要体现在美化人体、美化生活方面。男孩的服装色彩较深的比较多,如森林色、深蓝色、红色、棕色、深驼色等;女孩的服装色彩通常较淡的比较多,如粉红色、黄色、绿色等;美化人体的颜色是健康向上的,并不像19世纪初西方维多利亚早期的女装色彩一样,流行柔软脆弱的质料,苍白的颜色及下垂的线条,显示出充满憔悴的仪容,虽然在当时曾流行一时,但经过一段时间之后,这种着装色彩和仪表逐渐退出了历史的舞台。只有把服装色彩的风格与社会文化的流行充分结合起来美化人体,才能真正体现出服装色彩的"美"(如图5-3)。

图5-3 服装色彩"美"中的艺术性和装饰性

任务小结 服装色彩"真、善、美"的和谐统一

狄德罗曾说过:"真善美是些十分相近的品质,在前面两种品质之上加上一些难得而出色的情状,真就显得美。美是自由创造的形象体现,而自由创造又是集规律性与目的性的统一。"在服装色彩设计的过程中,设计师既要研究色彩的基本属性、流行色的运用,还要做充分的市场调研,使色的设计能适合消费者的需要,这也是对服装色彩"真"的理解。对服装色彩的人文环境、消费能力、价值趋向作科学的分析,从而满足消费者的实用要求,这是对服装色彩"善"的实施。利用各种造型因素、艺术潮流、时尚材料进行人文的设计来美化

生活，这是对服装色彩"美"的追求。服装色彩"真、善、美"的体现，要结合社会美、自然美、艺术美的统一性来考虑。服装色彩的设计，体现了设计者的一种自由创造性，它是一种创造潜能的发挥，与"真、善、美"有着密切的关系，因为人的自由创造设计是在认识了服装色彩的规律性、客观性的基础上来体现的，这就离不开服装色彩的"真"。设计创造的目的是为了实现一定的服装色彩社会功利目的和设计中的进步要求，这也是服装色彩的"善"。通过一定的造型，色彩的组合与搭配，把设计构思变成了现实。可见，要实现服装色彩"真、善、美"的和谐统一，就必须要有纯洁的自由创造性（如图5-4）。

图5-4　Issey Miyake"一块布"的设计理念，完美体现了服装色彩"真、善、美"的和谐统一

知识拓展　"真、善、美"

对于真善美的定义，应该根据它们的价值目的来进行定义。在《价值事物的三种基本类型》一文中指出，人类的有序化分为思维有序化、行为有序化和生理有序化三种基本类型，用于改变人类有序化过程的价值事物也相应地分为三种基本类型：思维性价值事物、行为性价值事物、生理性价值事物。

文学艺术中的真善美：

真，即艺术的真实性，指作品是否正确地反映了生活的本质，以及作者对所反映的生活有无正确的感受和认识。

善，即艺术的倾向性，也就是作品所描绘的形象对于社会具有什么意义和影响。

美，即艺术的完美性，指作品的形式与内容是否和谐统一，是否有艺术个性，是否有创新和发展。

真、善、美的含义并不是一成不变的，是随着社会斗争和艺术实践的发展变化而发展变化的。抽象的，超脱时代、超社会、超阶级的，永恒的真、善、美是不存在的。

任务二 "以人为本"的服装色彩社会化和个性化因素

任务分析　服装色彩的社会化和个性化因素

（一）"以人为本"的服装色彩社会化因素

社会化因素是现代设计中必须要关注的内容，尤其是当今社会提倡构建和谐型的社会环境和人文环境。社会美包括社会实践的美和作为社会实践主体的人的美。社会因素包括了社会活动和环境两大类，服装色彩在社会活动中又扮演了重要的角色，例如，人们在各种大型的政治、经济和社交活动中，要选择一些与活动内容相关的服装色彩搭配，以便实现参与该活动的动机和目的。服装色彩的社会化因素主要体现在社会美的内容之中，当然，社会美也包括了社会事物、社会现象的美。社会事物是社会上宏观的美的追求，一个社会、一个时代，它的主流文化特征是什么，这也是服装色彩风向变化的依据；特别是处于统治地位的社会阶层，他们的着装色彩必定要体现他们的权威性，而社会现象则是一个时代、一个社会上出现的一些个别现象，服装色彩在不同的社会背景下也曾出现了各种不同的文化追求和艺术思潮。

（二）"以人为本"的服装色彩个性化因素

如果说服装色彩的社会化因素体现了一种宏观的心理趋向的话，那么服装色彩的个性化因素则是一种微观的局部心理趋向。社会美直接体现了人的自由创造，通过人的自由创造，把自己对社会、大自然的感受真诚地表现出来，体现自己的个性特点，这是人类自由创造的最高境界。按照美国心理学家阿伯拉罕·马斯洛的需要层次论，人类需要的最高层次是自我实现的需要，也就是个性的体现。强调个性是现代服装设计的重要特征之一，服装色彩的设计也更趋于个性化，茫茫人海中，竟然很少找到相同色彩的服装，越来越多的消费者也开始穿着不同于他人的服装色彩，用于区别与他人的风格和气质。不同性格、不同文化、不同风俗习惯的人对着装色彩的要求也不一致。即便是同一阶层的社会群体，也很难界定他们的着装风格。一个房间内的高中生或大学生，在外人看来，很难区分他们的着装色彩和色彩爱好，但他们自己却能很快地区分各自的服饰风格特点。每个人在社会上担当的角色不一致，角色不一样，着装的色彩风格也不一样。政府机关工作人员一般习惯了穿正统的服装，但习惯了穿休闲装的男生，假如要西装革履，有的人会感觉糟透了。每个人对色彩的偏爱不一样，也导致了色彩的个性体现。一个偏爱暖色调的人一般是外向型的性格，偏爱冷色调的人一般是内向型的性格。

相关知识与任务实施

（一）"以人为本"服装色彩社会化因素的体现

要体现服装色彩"以人为本"的社会化因素，首先要具有较直接、较明显的社会功利和价值取向，主要指的是服装色彩的感觉、评价、认识与信仰方式等。在日常生活中，各民族的服饰风格、社会审美意识都有很大的差异，服装色彩的表现更为明显，如中国的旗袍、印度的沙丽、日本的和服、阿拉伯人的长衫和裹头等。阶级性和功利性是服装色彩社会化因素的两大特点。纵观中外服装史的变迁，不难发现，在阶级社会的社交活动中，服装色彩成了一种贵贱等级的象征。中国在奴隶社会时期，达官贵人与平民百姓等级不同，服装色彩的使用差距也等级分明。西周时期的"深衣"分有彩饰与无彩饰两种，秦朝的官服为黑色，甲衣有冷色系和暖色系。唐朝时期，文武官员的品官服饰色彩更有严格的等级区分，黄色是帝王的象征，红、紫色是达官贵人的象征（如图5-5）。

（a）我国古代西周、汉朝的服装色彩有严格的等级区分

（b）唐朝的《步辇图》中，不同人物的身份、气质、仪表、服装色彩在画面上都得到了恰当的反映

项目五　服装色彩设计是"以人为本"的再创造

（c）古埃及、古罗马服饰色彩

（d）西方洛可可时期的服装色彩

图5-5　服装色彩的社会化

西方服装色彩的演变也是十分繁杂的。在古代的宽衣时代，古埃及白色的罗印克罗斯、古希腊的希顿和希马纯、古罗马的托加等，一直到中世纪拜占庭时期的达尔玛提卡、罗马式时代的布里奥、哥特式的希克拉斯服饰，紫色是王公贵族的专用色彩，红色则是圣母、圣父、圣子的宗教色彩，直到西方文艺复兴以后，服饰色彩才逐渐摆脱了宗教束缚。18世纪以后，经过资产阶级的工业革命，才实质性地结束了贵族色彩和宗教色彩的历史。西方服装色彩经过了各种艺术思潮、流派的洗礼，近世纪初期，以意大利、西班牙、荷兰为中心的窄衣服装色彩则以黑色为主。

（二）"以人为本"服装色彩个性化因素的体现

服装色彩的个性化表现为在历史的发展中不断地展示着自己的亮丽风采。如中国魏晋南北朝时期，整个社会呈现民族大融合的现象，当时的社会文化又受到佛学的影响，人们的意识形态对服饰风格和服装色彩的影响就很大，出现了"日月改异"而"所饰无常"的生活方式。男装主要以白色为主，在文人的衣着和生活方式上讲究宽衣博带，无拘无束，袒胸露臂，具有明显的个性化特征。

在当今社会，服装色彩的个性化因素更是风靡一时，特别是年轻一族，在夸张的同时，宣泄着自己的情感，彰显着自己的审美理念。从20世纪60年代的"年轻风暴"开始，人们受着各种艺术思潮的影响，服装色彩的搭配也出现了空前的前卫和大胆，朋克、披头士、嬉皮士等各种服饰风格出现在年轻人的身上。在服装语言的表达上，"年轻风暴"的着装色彩风格是希望唤起人们的注意，是对社会和没有尽到做父母责任的人的愤怒和哀求，曾几何时，街头服装已经颇为暴力倾向，很多国家和政府对过火的着装行为感到担忧、怜悯和害怕。但个性化的服装色彩风格却像磁石一样，吸引着众多的人去尝试、去体验（如图5-6）。

（a）"魏晋风度"宽衣博带成为上至王公贵族下至平民百姓的流行服饰，男子穿衣袒胸露臂，自然随意；女子服饰则长裙曳地，大袖翩翩，表现出优雅和飘逸的风格

（b）受各种艺术思潮的影响，人们更多地追求服装色彩的个性化

(c) Chanel 印花面料色彩

(d) AF Vandevorst 春夏时装展示,服装色彩看似单纯,但个性形式却咄咄逼人

(e) 运动休闲的服装色彩设计

图 5-6　服装色彩的个性化

任务小结

无论社会如何变化和发展,服装色彩在社会化的进程中,人的因素是永恒的。作为社会实践主体的人的美包括内在的美和外在的美,外在的美涉及人的着装打扮、色彩搭配、言谈举止等;内在的美涉及人的思想、情感、意志品格等。

随着社会的向前发展,人类现代文明、人文思想的不断进步,个性化的服装色彩会理性化地穿插在流行的行列中,为展现特色的服装风格和理念、为世界各民族的传统服饰文化和时尚的现代设计而增添亮色。

知识拓展

社会化的构成因素是众多且复杂的,主要有四个因素:政治因素、经济因素、文化因素、讯息因素。个性化因素被引入心理学领域后,表示个人相对稳定的心理特征的总和,表现为一个人适应环境时在能力、气质、性格、需要、动机、价值观等方面的整合。

任务三 服装色彩设计"以人为本"的内容

任务分析 服装色彩"以人为本"内容的定位

服装色彩设计"以人为本"的内容较宽泛,除了服装色彩的基本属性以外,服装市场的把握、目标客户需求的建立、设计者与生产商的引导、服装面料与纹样的选定等,都有着理性与感性的表达。

相关知识与任务实施

(一)目标客户群的需求

要建立"以人为本"的服装色彩环境,首先要认清目标客户群的色彩需求。"顾客是上帝",各类工业产品的色彩设计师都要考虑消费者的色彩视觉心理感受,作为服装色彩的产品定位,更需注意不同性别、不同年龄、不同经济状况目标客户群信息的掌握,以便能更合理、更科学地设计服装产品。目标客户群的细分和定位,还要有效地了解和探讨服装市场的竞争状况,通过对市场的调查与分析,发现哪些服装市场已经趋于饱和,哪些服装市场还有待于开发。对于服装企业来讲,发现了服装市场销售水平较低的市场,也就发现了较高的市场销售机会。当然还要考虑到消费者的年龄、性别、职业、收入状况,受教育的程度等。

1.性别、年龄差异的体现

性别不同,表现出对服装色彩的不同偏爱。女性的着装色彩丰富程度远远超过男性,女性的着装可以四季如春,千变万化;无论是款式、面料还是色彩,变换的节奏、频率都远远高于男装的变化。有很多女装品牌就把产品定位在这些目标客户群上,尤其是白领女士,以便增长产品销售的额度。

年龄的差异表现出人们对服装色彩的消费差距和色彩偏爱,6～8岁的儿童,男孩喜爱蓝色,女孩喜爱粉红色,并没有人刻意地去引导他(她)们,儿童时期,自有他们的天性。18世纪后半期,卢梭认为童年时期是一种自然状态,因而不能刻意去改变他们,使他们成为小大人,主张尽可能地让孩子穿儿童室内服,或宽松的服装,服装的色彩也要尽可能地自然。实际上,年龄的差异也能显示人们着装色彩的明显变化,年轻人企图穿着比自己年龄更加亮丽的色调,来表现他们的青春年华。"青春不是一杯永远饮不尽的美酒",青春期的男孩、女孩们,叛逆心理很重,追求时髦、另类和个性则成了这一年龄特征的时尚。中年时期,人们事业有成、家庭和睦,讲究服装的品位和着装的色调,根据不同的工作环境来选择不同的服装色彩,偶尔会用时髦的装扮来掩饰自己的实际年龄。在任何大型的社会活动和社交场合中,可能会看到有些人的穿着比实际的年龄、近期的社会流行、道德标准要年轻或土气。中老年的着装色彩讲究实用和庄重性,但也不乏一些色彩艳丽的服饰。性别的差异导致了人们着装方式和行为的区别。男性与女性的生理差异,可以用阳刚与阴柔来说明,阳刚的色彩多以深色调来表现成熟、传统、浓重、宽大等;阴柔则多表现为浅色调、稚嫩、妩媚、多姿等。男性服装色彩的设计,总是传达着身体和社会的优势,显示着男性特质和体格肌肉的力量,男装多取向于强烈的色彩和宽松的质料来扩张身躯。女性的服装色彩设计在暗示母性的一面,通常采用亮丽和火热的色彩来表现令人激动的活力、毅力和健康。越来越多的服饰与着装观念在改变人们的生活习惯,尤其是休闲性的服装色彩,打破了传统的性别观念,无论是男女老幼,仅从色彩上已经很难辨别出男女的区别,"中性化"的色彩服饰,已经很生活化和市场化(如图5-7)。

(a)童装的色彩鲜艳而明亮

图5-7

服装色彩

(b) 左图Zara男童装与右图贝纳通女童装的服装色调对比

(c) TB2韩国淑女装　　　　　　　　(d) 休闲、时尚的美国AE青年服饰

(e) 男式休闲装、西便装、西装，各具特色

图5-7　服装色彩的性别年龄差异

2. 经济条件和消费观念定位的体现

作为品牌服装，十分注重产品的价格定位。目标很明确，产品的消费就定位在某一个收入层面的客户群，充分考虑到他（她）们的服装色彩消费能力和意识。由于经济上的原因，大多数消费者不可能同时拥有几个系列的、不同季节的、不同色彩的服饰，但可以有选择地去购

买服装。在令人陶醉的秋季，买一件黄色耀眼的外套，或许能掩盖冬季最低潮的沮丧心情，会使人们满怀希望，感到快乐。一般情况下，人们的着装风格和他（她）对色彩的偏爱有直接的关系，喜欢现代风格的人，往往在着装上选择一些简约的色彩组合；喜欢传统风格的人，往往在着装上选择一些庄重、肃穆的色彩搭配；当然，经济条件是决定因素（如图5-8）。

（a）BALENCIAGA的服饰虽然价格不菲，但消费群体却很庞大　　（b）职业休闲女装体现了着装者的干练、聪慧

图5-8　服装色彩的经济条件和消费观念定位

3.会员制的目标客户群建立

现代工业产品的营销网络无处不在，各种形式、各种内容的销售渠道，时时出现在我们面前。品牌服装的会员消费也成为一种实用、时尚的消费方式。把目标客户群的个人信息资料实行数据库管理，比如，消费者的年龄、性别、职业、身体条件（量体裁衣时所必须具备的数据、尺寸、肤色等）、业余爱好、色彩爱好、固定工资收入、年度服装消费预算等，把每个季度推出的服装色彩系列信息定期地传输给客户群，或者根据客户的需求、反馈信息，直接给客户量身定做。目前，这种消费方式在国内外都有很多，特别是高档的成衣定制，一些社会名流、演艺界名人，一般都采取这种消费方式，使自己的服装色彩与众不同，别出心裁（如图5-9）。

图5-9　法国高级定制时装经典作品

（二）面料色彩与图案纹样的应用

确立好服装设计方案后，搜集和组织材料则是概念的具体化。如何选择适合产品定位的面辅料，色彩的准确把握值是多少；各种织物的色牢度怎样去确认；与面料商签署协议或合同时，大货的面料色彩确认标准是什么；哪些染料对人体有害，属于国家禁止使用，哪些染料属于环保系列。出发点都是为了产品的质量，既是为消费者负责，也是为自己的品牌负责。染色是染料和纤维发生物理或化学反应，使纺织材料着色的过程。例如，直接性的染料染色方便，色谱齐全；但色牢度差，适合于棉织物。活性染料染色方便、均匀、色彩鲜艳、应用面广泛，多用在棉、麻、丝等天然织物上。从纤维、纱线到面料，再到服装，最终到消费者，虽然每个环节看似平淡，但都是"以人为本"的具体体现。否则，一件漂亮的衣服，由于色牢度的问题，或由于染料的问题，使人皮肤过敏，甚至对身体有更严重的危害，那么大家只能是敬而远之。

另外，服饰纹样的色彩要与服装的色彩保持一致，图案纹样是服装色彩的重要装饰内容，用得恰到好处，则起到画龙点睛的作用。织物图案纹样有色织、线织、割绒、植绒、烂花等，使面料形成不同的肌理色彩效果。印花图案纹样按工艺分为直接印花、拔染印花等，按机械设备不同分为滚筒印花及平板式、圆筒式筛网印花等。但市场上运用最多的还是印花图案纹样，设计师可以根据服装的风格选择不同的图案纹样（如图5-10）。

（a）动物纹样色彩的运用

（b）花卉图案色彩的运用

项目五　服装色彩设计是"以人为本"的再创造

（c）印花面料设计色彩的运用

（d）漆光效果面料

图5-10

(e)编织装饰色彩的运用

(f)京剧脸谱色彩的运用

(g)几何图案色彩的运用

（h）扎蜡染时装的色彩效果

图5-10　面料色彩与图案纹样

任务小结

　　色彩首先要以人的形象为依据。因此，服装色彩设计必须"因人而异"、因款式而异。服装是流动的绘画，会随着人体的活动进入各种场所。所以，与环境色的协调也是服装色彩设计的重要环节。

　　各种服装是依附于面料上的，当面料做成的服装穿着于人体上以后，服装色彩就从平面状态变成了立体状态。因此，进行色彩设计时，不仅要考虑色彩的平面效果更应从立体的效果考虑穿着以后两侧及背面的色彩处理，并注意每个角度的视觉平衡。

　　服装色彩设计是服饰设计的重要环节，好的服装色彩设计可以通过色彩构图和布局的变化、色彩的对比和调和以及服装色彩的配色，使服装色彩从整体上达到和谐、统一的美感。

知识拓展　色彩设计师、服装设计师、生产商的引导

　　国内外流行色机构推出的流行色预测是方向，每个产品的色彩设计师、服装设计师、生产商会根据这些流行信息来规划、设计其产品的色彩定位。要想做出明确的、战略性的决策，就需要把每个销售环节考虑周全，尤其是对服装色彩的研究，必须把"人"的因素放在首位，即我们经常提到的"5W"原则（who、why、when、where、what，即谁穿、为什么穿、什么时间穿、在哪儿穿、穿什么）。只有把这些因素充分考虑，才能有的放矢。决策者和生产商要把握好色彩的质量问题，要确保产品的设计色彩与成品色彩的准确性和一致性，样品色与大货色的一致性，以便维持它原有的色彩品质。设计者、决策者要与各个环节的职员保持正确

的、合理的沟通，还要拟定产品的设计色彩与成品色彩的误差值，把差值缩小到最小化（如图5-11）。

（a）Paul Pelssers 07/08秋冬色彩设计

（b）Karl Lagerfeld 07春夏巴黎

（c）Karl Lagerfeld 时装秀

图5-11 服装色彩设计总是引领时尚的潮流

色彩设计师、服装设计师、生产商只有把握好各个环节的工作，才能生产出理想的色彩产品。产品的推出还要靠广告、媒体的宣传，品牌的整体形象策划，来合理地引导消费。

教学与实践评价

项目训练目的：

通过对服装色彩"真、善、美"各项任务的实施，认知服装色彩"真、善、美"在服装设计中的重要性和本质性，并能灵活运用。

教学方式：由教师讲述服装色彩"真、善、美"的含义，阐明服装色彩的社会化和个性化因素，运用服装品牌的实例来了解服装色彩"以人为本"的内容。

教学要求：

1.让学生掌握服装色彩"真、善、美"的含义，并学会如何体现服装色彩的"真、善、美"。

2.了解服装色彩不能仅从一般的色彩层面上考虑，只有把各种影响和制约的社会化、个性化因素进行再创造，才能把"以人为本"落到实处。

3.了解目标客户群的需求，了解色彩设计师、服装设计师、生产商对服装色彩的引导；了解面料色彩与图案纹样的关系。

4.教师组织进行课堂讨论，并对讨论结果予以总结和点评。

实训与练习：

1.运用本章所学知识，通过查阅资料、市场调查，分析"以人为本"的服装色彩设计的相关因素，然后写出2500字左右的调查报告。

2.跟踪一个国内外的知名服饰品牌，研究它的目标客户群，色彩运用和变化情况，并列出它的面料色彩与图案的关系（要求图文并茂）。

14.服饰图案的表现形式

15.服饰图案装饰部位及应用

16.服装的色彩与面料训练1

17.服装的色彩与面料训练2

项目六
服装色彩的设计方法及应用

学习目标

1. 理解服装色彩形式美的内容，并能在实际的训练和操作中学会运用。
2. 掌握服装色彩的设计方法，学会服装色彩的主题情调设计方法、服装色彩的风格设计方法、服装色彩的系列设计方法。
3. 认识服装色彩设计的效果评估，掌握服装产品的色彩预案方法。

项目描述

服装色彩设计内容是很宽泛的，不仅要求我们掌握色彩的基础知识、色调组织能力、色彩的人文特征，更重要的是要深刻理解服装的含义和内容。服装造型、服装结构制图、服装工艺等都与色彩的表现有直接关系，否则，服装色彩的表现力就不存在。服装色彩的概念也是很宽泛的，不仅单指一套服装的色彩，而且也指整个设计系列的设计色彩。单件的服装色彩给人的视觉冲击力远不如系列的色彩效果强烈，所以很多的时装发布会都是以系列的形式出现。只有全面地认知服装，才能在理论上形成一个完整的色彩体系，然后去指导实践，即服装色彩的市场化运作。市场化的运作方式是现代服装设计的首要内容，确立好一个产品的色彩方案以后，如何使产品实现预期的目标，服装色彩设计效果自我评估的标准是什么，都是我们要学习和掌握的要点。

本项目重点任务有三项：任务一，服装色彩形式美的内容；任务二，服装色彩的设计方法；任务三，服装色彩设计的效果与评估。

任务一　服装色彩形式美的内容

任务分析：服装色彩的形式美

形式美法则为艺术设计的重要依据，无论在平面设计还是在立体构成中，都具有举足轻重的作用。同样，服装色彩的形式美法则也具有相同的原理与实施手段。将色彩的各种排列组合成为色彩构成，建立起服装色彩的形式美。

相关知识及任务实施

（一）服装色彩的面积与比例体现

主要指服装色彩整体与局部、局部与局部之间的数量关系，以及色彩的面积大小、色彩的组合、色彩的位置、色彩的秩序等相关因素。造型设计主张黄金分割比例，在服装色彩面积的比例中也同样讲究黄金比。面积的比例是事物的形式在数量上合乎一定规律的组合关系，面积与比例也是服装色彩设计中极为重要的一个方面。当然，面积与比例在服装设计中与造型因素紧密相联，它依附于造型上的点、线、面、体的组合搭配上。在时装画的创作中，还要夸张人体的比例，以8个头高为标准，有的以8个半头高，甚至10个头高为标准。掌握好服装色彩的面积与比例搭配会使服装色彩更生动、活泼、富有装饰意味。服装色彩的面积与比例还要依附于人体的结构和特征，男装强调直线型的造型，服装色彩的面积与比例会显得硬朗和鲜明；女装强调曲线型的造型，服装色彩的面积与比例会显得柔和而顺滑。人体的上下身比例有时也要靠色彩的搭配来弥补，上身长的人不宜穿亮色的上衣，上身短的人不宜穿暗色的上衣；高腰的人不宜穿暗色的裤子或裙子，低腰的人不宜穿亮色的裤子或裙子；身体胖的人不宜穿大面积的亮色，身体瘦的人不宜穿大面积的暗色。在服装色彩的运用过程中，同类色系往往会形成比例上的关系，互补色系往往会形成面积上的对比关系，形成的效果取决于服装色彩的设计需要（如图6-1）。

（a）Sandra的时装画色彩巧妙运用比例关系

图6-1

(b) Dries Van Noten 春夏服装色彩的面积、比例搭配

图6-1 服装色彩的面积与比例

（二）服装色彩的对称与均衡体现

主要指服装色彩中相同或相似的形式因素所构成的整齐、左右对等关系，以及不同因素之间既对立又统一的关系，在视觉上给人一种平衡状态感，借以表现色彩的对称性和稳定性。在着装效果上，可以使人产生整齐、端正、庄重的感觉。德国科学家魏尔在他的著作《对称》中指出："美和对称性紧密相联。""对称性，不管是按广义还是狭义来定义其含义，总是一种多少时代以来人们试图用以领悟和创造秩序、完美和完善性的观念"。实际上，人们对于服装色彩的对称性的运用已经由来已久，古今中外，人们对于权势的依赖总是以毕恭毕敬的、百依百顺的姿态出现，所以，对称的服装色彩也成了肃穆和威严的象征，这在中西服装史的记载上都有相同的形式出现。但今天的服装色彩运用，已经打破了往日的束缚和约束，在现代的服装设计中，对称的色彩搭配时时出现在人们的日常生活中，如中式服装的左右对称、制服的左右对称等；当然，服装的色彩与点缀，也依附于服装结构的对称性。服装色彩的均衡主要是色彩的形式因素在组合时所具有的一致、对等、照应等关系。按照黑格尔的美学理论，色彩的一致性与非一致性相结合，差异闯进这种单纯的同一里来破坏它，于是就产生了平衡对称。这些差异还要以一致的方式结合起来，这种把彼此不一致的定性结合为一致的形式也能产生平衡对称。例如，一件并不是左右对称的服装，由于按照一定面积比例的搭配，在视觉上也能给人以均衡感。随着服装结构的变化，不同的服装色彩也有对称均衡、重力均衡、运动均衡、照应均衡之分。它们的设计和运用要根据不同的需要和着装目的而选择，穿一件

对称均衡的服装和一件运动均衡的服装的效果是大不一样的,其有时也会影响人的情绪变化,甚至引起旁观者的评价和争议。所以,在日常生活和色彩的设计运用中我们要注意服装色彩的对称与均衡,以达到色彩的协调和美感,尤其对于设计人员来讲,更为重要(如图6-2)。

(a)服装色彩的对称运用

(b)xunxun-missy服装色彩的均衡运用

图6-2 服装色彩的对称与均衡

（三）服装色彩的节奏与韵律体现

节奏和韵律原本是音乐术语，服装色彩的节奏是指相同的色彩元素有规律地重复而形成的美的运动形式规律。服装色彩的韵律是在节奏的基础上产生的，节奏的抑扬顿挫与强弱变化产生了韵律，服装色彩的韵律能影响人的情绪。节奏和韵律在艺术设计中也是常用的形式美的规律，服装的色彩在同一件服装中或同一系列中反复出现，就能产生节奏感，它经常出现在连衣裙、百褶裙上。服装上运用的装饰线、服饰配件的色彩反复出现而形成的规律性、秩序性、条理性，在视觉上就给人以明显的节奏感，使服装的设计产生活跃、跳动、活力的穿着效果。韵律是在节奏的基础上产生和发展起来的，节奏秩序性的变化、线条和面料色块的高低起伏、装饰物有规律地反复出现便能产生韵律，在服装造型上，节奏与韵律多出现在领口、肩部、胸部、腰部、底摆处等，服装色彩的变化也随之产生节奏和韵律之美。当然，服装色彩的节奏也是随着款式的变化而变化的，它的形式也有很多，有渐变的、反复出现的，或者是多种元素同时有规律地出现的，形式的采用主要是根据设计的需要和风格的特点而选择的。雷圭元在《图案基础》中说："条理性与重复性为节奏准备了条件，节奏带有机械的美。而韵律，是情调在节奏中起作用，拿声音来讲，汽笛和汽车的喇叭声可以是节奏，但不像牧童和行军号角带有韵律。"实际上，服装色彩的节奏与韵律的设计灵感，可以从大自然中汲取和提炼，如植物的自然层次性、动物的天然色彩美、瀑布的水流节奏、河流的弯转迂回、山峦的起伏变化、云朵的疏密穿插等；这些特点可以运用到不同的造型设计上，特别是在服装的系列设计中，学会运用表现节奏和韵律各自的特征，掌握它们的抑扬顿挫和强弱变化，会更加帮助我们拓宽色彩的设计领域和视野。总之，色彩的节奏和韵律在现代的服装设计中是至关重要的，在运用时不要千篇一律，要有灵活的变化性和适宜性，从而产生丰富的表现效果（如图6-3）。

图6-3　服装色彩节奏和韵律的运用

（四）服装色彩的间隔与呼应体现

服装色彩的间隔是指在两种颜色之间加入另一种色彩，使原来的配色分离，以减弱色彩的明度、纯度和色相对比，起到调和的作用。服装色彩的呼应主要指色彩各要素在服装造型中以面积的大小不同而重复出现、一呼一应，是色彩之间的相互照应。服装色彩的间隔与呼应，多用在春秋装和夏装的变化中，如春秋装的外套色彩纹样多出现一组或几组的间隔变化，使色彩富有节奏感。在某种程度上,间隔与呼应有规律、有秩序地反复出现就能产生节奏和韵律。特别是在夏季,运动休闲风格的青年服装,多出现彩条的间隔与呼应;彩条的形式也有很多,如窄条与窄条的色彩间隔、窄条与宽条的色彩间隔、宽条与宽条的色彩间隔等,使着装显得朝气蓬勃、充满阳光与健康。当然,服装色彩的间隔主要是用来减弱色彩的强弱对比,起到调和的作用。服装色彩的呼应也多出现在同一系列服装或同一件服装中,色彩的呼应一般不受面积、位置、大小的影响和制约。在某种程度上,服装色彩的呼应带有一定的随意性和自由性,当然也要考虑到色彩的均衡感,否则会产生重心均衡的偏差。在现代时装设计中,服装色彩的呼应是最常见的装饰手法,无论是对称与非对称的形式、面料的轻重厚薄、肌理效果的突兀与平滑,都能看到服装色彩的呼应。呼应的效果使色彩的变化更加丰富和饱满,减少了色彩出现的突然性和盲目性,有利于服装的系列设计和组合(如图6-4)。

(a) xunxun-missy服装色彩的间隔运用

(b) Hussein Chalayan 春夏服装色彩的呼应运用

图6-4 服装色彩的间隔与呼应

（五）服装色彩的多样统一性体现

服装色彩的多样统一性是指色彩因素按照一定的组合关系（面积与比例、对称与均衡、节奏与韵律、呼应与间隔）所形成的一种和谐的、整体的规律和一致性。实际上服装色彩的多样统一性是各种形式要素的综合运用，在进行服装色彩的设计时，我们不可能只用一种单一的形式去设计，只有把多种形式充分考虑，才能有的放矢，取得最佳设计效果。黑格尔说："各因素之中的这种协调就是和谐。和谐一方面表现出本质上的差异面的整体，另一方面也消除了这些差异面的纯然对立，因此它们的相互依存和内在联系就显现为它们的统一性。"可见，服装色彩的表现形式要成为具体的、可感的实体，就必须要多样统一，把不同的色彩要素结合服装的造型，并与面料的肌理效果相搭配，才能设计出不同风格的服装色彩。古今中外，服装色彩的搭配方式就是一种多样统一的整体观、和谐观，无论是服装色彩的面积与比例、对称与均衡、节奏与韵律、呼应与间隔中的哪一种规律，都必须在这种多样统一中发挥各自的作用，以便形成和谐统一的整体效果，达到各自形式美的构成功能和作用（如图6-5）。

图6-5　Hermes 春夏服装色彩的多样统一性运用

任务小结

从各项服装色彩的任务实施来看，不同的服饰材料形成不同的色彩效果；服装的色彩与环境的色彩、气氛有机地结合起来，才能给人强烈的美感；色彩的情感效应与人的联想有关；色彩的情感效应对表现服装的风格、创造意境有着重要的意义；不同地区、不同国家有不同的文化，不同的文化有着不同的审美，不同的审美就有不同的习惯，有不同的服装色彩设计。

知识拓展

形式美法则是人类在创造美的形式、美的过程中对美的形式规律的经验总结和抽象概括。主要包括：对称均衡、单纯齐一、调和对比、比例、节奏韵律和多样统一等。研究、探索形式美的法则，能够培养人们对形式美的敏感，指导人们更好地去创造美的事物。掌握形式美的法则，能够使人们更自觉地运用形式美的法则表现美的内容，达到美的形式与美的内容高度统一。

任务二　服装色彩的设计方法

任务分析　服装色彩的设计方法

服装色彩的设计方法种类繁多，有主题情调设计方法、风格设计方法、系列设计方法等，但无论采取哪一种方法，目的是为了加强服装色彩的表现力与应用性。让色彩的生命力，在服装设计、生产、销售、消费过程中最大限度地发挥、显现出来，从而使色彩成为提高服装外观质量和增强服装在国内外市场上竞争力的有效手段。

相关知识与任务实施

（一）服装色彩的主题情调设计方法

服装色彩的主题情调设计就是首先确立一个明确的主题思想，然后围绕服装的构成去设计和认定服装的色彩情调，从而更加突出主题。表面看来，主题情调的服装色彩设计似乎有很大的束缚性，往往使人用定式的思维方法去思考问题。但从另一个方面来讲，它有更深层次的色彩追求，更能促使设计者挖掘出同一主题下的色彩价值，使相同或相近的色彩元素更加明细化。例如，以蓝色为基调的海洋色彩系列设计，以绿色为基调的森林色彩系列设计，以白色为基调的冰川雪地色彩系列设计等（如图6-6）。

(a) Issey Miyake 以自然质朴为主题的服装色彩设计

(b)法国时装设计师巴尔泰以"鲜花"为主题的系列设计作品

图6-6 服装色彩的主题情调设计

（二）服装色彩的风格设计方法

服装设计的生命在于创造，假如没有创新，社会就很难得到进一步的发展。科技的进步，新材料、新工艺的出现，新文化思潮、新艺术流派的产生，对服装的影响与日俱增。服装极具流行性和时代性，纵观中外服装史不难看出，不同风格的服饰在历史上光彩熠熠。无论是时代特色、社会面貌、民族传统，还是材料、技术的功能性与艺术性的结合，近现代的服装设计大师用不同的设计风格进行着色彩诠释。传统的高贵、田园的恬静、前卫的大胆，各自彰显着自己的审美理念。风格的实现除了设计师传统的民族服饰文化继承以外，还要与国际市场运作方式接轨，把本民族的优秀服饰传统文化运用到现代的服装设计中去。我们在欣赏国际服装设计大师的时装秀或时装发布会时，会被设计大师们的设计风格所感染和折服。当然，我们在今后的设计过程中，要逐渐去寻找和探求一个品牌服饰的风格和市场定位，然后去设定自己的设计风格和设计定位。

1. 传统风格

传统风格来自于"自上而下"的历史传承，严肃庄重、典雅高贵，多出现在隆重的社交场合，常见的服装款式有礼服、男女西装、中山服、旗袍等。服装色彩主要有黑色、白色、灰色、红色、黄色、蓝色、粉色系列和一些中明度的调和色等，但更多的是它们之间的搭配组合。每一个地域、每一个国家由于传统文化的差异，所表现的传统风格也不一样。但对于一些色彩的理解在实际的运用上也有相同的认识。以黑色为例，黑色在服装色彩中是实用性最强的色彩，具有神秘、庄重的特点，与白色搭配，不受时间、地点、年龄的限制；黑白搭配是传统的经典组合，给人一种难言的奥秘之感。黑色可以和任何的有彩色和无彩色搭配，形成千变万化的色彩效果。无论是在隆重的社交场合还是在休闲的运动场合，我们都能发现黑色服饰的踪影，它似乎遍及服饰的各个角落。色彩灵感来自于古代服装、民族服饰、古代建筑、传统民俗文化、历史事件、经典艺术作品等（如图6-7）。

（a）具有传统风格的服装色彩

（b）Chanel 秋冬的黑白搭配尽显传统与优雅

图6-7　服装色彩的传统风格

2.时尚前卫风格

时尚前卫风格运用大胆、怪异、奇特的色彩装束来表现自己，借以显示自己的与众不同。自从20世纪60年代至今，在"朋克"文化的影响下，时尚前卫风格的服饰色彩一直是年轻人的最爱。在服装款式方面，多出现宽松式和紧身式的两个极端，蝙蝠衫、T恤、牛仔装、内衣外穿、夹克衫是常见的基本款式。"什么时候想叛逆，那就拥有一件皮夹克"，马龙·白兰度在1954年电影《飞车党》中，身穿夹克衫，头戴皮质鸭舌帽，腿穿白色瘦腿裤，对当时时尚前卫的色彩风格做了权威性的演示。服装色彩多表现于黑色、紫色等明度低的色彩，有时点缀亮色、纯色，以显示男性的潇洒、放荡不羁、个性的超俗，女性的婀娜多姿、妖艳妩媚。色彩灵感来自于中外服装史上不同时代的服饰变革、服装的色彩飞跃；近现代艺术流派的纷争，特别是后现代主义的影响，以及都市文化和街头时装的个性张扬（如图6-8）。

（a）街头风格总能引领时尚潮流　　　　（b）服饰设计与化装舞会相结合，体现设计者独具匠心的设计风格

（c）矢岛功的时装画色彩鲜明

图6-8　时尚前卫的服装色彩风格

3. 乡村田园风格

"采菊东篱下，悠然见南山"，陶渊明的传世佳句，开辟了乡村田园风格的先河。从此以后，人们便开始追求悠然、舒适的田园农耕生活。传统的色彩图案纹样，棉麻制品的服饰，更是现代都市人的追求。人们在节假日出外郊游，尽情享受乡村田园的风光色彩。服装款式多见于女式的连衣裙、小礼服、衬衫、七分裤等，男式的T恤、衬衫、外套、毛衫、休闲裤等。色彩多见于自然花卉的天然色、赭灰色、驼色、蓝灰色等。色彩灵感来于中国古诗词中的田园式的恬静，云南、贵州的染缬艺术；英国"维多利亚"式的宁静；波希米亚印花的绚烂；美国乡村音乐式的复古等（如图6-9）。

图6-9　舒适自然的乡村田园风格

4. 休闲运动风格

现代人的生活节奏快，工作压力大，为摆脱拘谨、严肃的服装款式和单调沉闷的色彩，人们追求一种线条流畅、款式简约、色彩丰富，讲究细节变化，轻松、和谐的着装效果，休闲与运动相结合，时尚与健康相结合。款式多见于休闲装与运动装的中和设计，常见的外套、

服装色彩

毛衫、套头衫、直筒裤等都受到年轻人的钟爱。尤其是在中老年服饰中，休闲运动的服饰风格更为常见，色彩丰富多变、纯色与素雅色并存、注重色彩的细节设计和点缀。例如，粉红色、淡青莲色、米黄色、橄榄绿色、钴蓝色、深驼色、蓝灰色等。色彩灵感来自于西方服装史上的反体制时装与迷你时代、体育盛会等（如图6-10）。

（a）SE7ENK–Swiss男式春季运动装系列

（b）几何图案马球衫的休闲男装

图6-10　休闲运动风格系列

5.职业工装风格

自西方工业革命以来,机械化的生产和制作使人们的工作环境发生了重大变化。现代社会经济的快速发展,更需要人们在工作环境中穿着统一的服装来显示企业的团队精神、CI文化、企业的实力和国际竞争性。职业工装的风格主要考虑职业的特点,工作的性质,业务和产品的对象等因素。色彩的鲜、灰、明暗会增加或减少工作者的疲劳感、单调感。例如,医疗行业多以浅粉色、白色为主,餐饮业多以高明度、高纯度的暖色为基调,企业、工厂、学校多以蓝色为主等。在款式方面多见于西/便装式、夹克式、运动装式等,特点是合体、紧身、活动方便。职业工装的常用色彩有黑色、蓝色、藏青色、钴蓝色、淡蓝色、绛红色、深绿色、深驼色、浅灰色、米黄色、深棕色等。色彩灵感来自于现代工业环保色(如图6-11)。

(a)被称作Preppy的预科生学生服条纹风格　　(b)工作性质与职业工装的色彩有紧密的联系

图6-11　职业工装风格系列

(三)服装色彩的系列设计方法

按照服装设计的系列分类方法,服装色彩的系列设计方法也分为小系列、中系列、大系列。一般情况下,小系列3～5套、中系列6～8套、大系列9套以上。服装色彩的系列设计,主要是受设计的内容和形式、展示的环境、制作的条件等因素制约。至于是设计小系列、中系列还是大系列的服装色彩,要根据设计主题、设计风格、产品的规划数量、产品展示的规模和空间来进行合理的搭配和安排。系列时装的色彩设计按奇数和偶数可分为三、五、七、九套,四、六、八、十套等组合,数量上可根据需要依此类推。形式上可分为并列式、主从式、混合式等,一般情况下,风格设计的服装色彩并列式的形式多,主题式的主从式多,情调式的混合式多。在设计服装时按照不同的主题,采取不同的色彩系列,注意色彩整体与整体、整体与局部、局部与局部的处理关系,各系列色彩之间的相互关联等。服装色彩的设计也可以按照色彩的变化规律,色彩的情调因素与自然色调来进行系列设计(如图6-12)。

服装色彩

图6-12 Eduard Erlikh擅长运用不同的色彩系列绘制时装效果图

1.按服装色彩的变化规律进行系列设计

色彩的色相、明度、纯度的变化,也决定了服装色彩的变化规律。服装色彩不同色相、不同明度、不同纯度的色彩搭配,类似色、近似色、对比色的调和搭配,利用色彩的渐变、反复、点缀、强调等手法,最大限度地利用每个理念,采取横向思维的方式,以实现服装色彩的系列设计。

（1）按色彩的属性设计　按色彩属性的内容可分为无彩色系和有彩色系。无彩色系主要是黑、白、灰色,以及由它们所分解成的各明度的无彩色系列。有彩色系主要是红色系列、黄色系列、蓝色系列、绿色系列、紫色系列、粉色系列等。有彩色系列的色彩搭配十分丰富多彩,每一个色彩的同类色系、近似色系、邻近色系、对比色系更加丰富了服装色彩的多元化组合（如图6-13）。

图6-13　无彩色系和有彩色系

① 无彩色系　无彩色系是指黑、白、灰三色，无彩色中明度最高的是白色，最暗的是黑色。它们既相互矛盾又相互统一，既传统又现代、单纯而简洁、肃穆而高雅，黑、白、灰三色是服装色彩中的永恒色。

黑色是一种母色，它在服装色彩中是实用性最强的色彩，具有优雅、奥妙、高贵、神秘、奇异的力量，可以和任何一种色彩进行搭配。如黑色的晚礼服、西装、休闲外套都能显示出着装者的优雅气质和高雅的风度，在传统风格和都市风格中演绎着神秘莫测的色彩效果，既是一种传统的色彩，又是经典的时尚元素。黑色可以与无彩色和有彩色中的任一色彩搭配，显示了它的包容性，创造出丰富多彩的色彩情调。黑色与清淡色彩搭配形成对比，显示了着装者清爽的气质；黑色与色彩鲜明的色彩搭配，显示了朝气蓬勃的风采；黑色与中间调的灰色搭配，则显示了朴素、雅致、成熟之美（如图6-14）。

图6-14　不同风格的黑色能显示着装者优雅各异的气质

白色是由全部可见光均匀混合而成，习惯上称为全色光，是纯洁、天真、神圣、高贵的象征，它和任何一种色彩搭配都会给人清洁之感。白色与黑灰色搭配，显示了一种神圣、单纯、忧伤的情调，高高在上、难以接近。例如，在隆重的场合穿一身白色的礼服，或许是"希望在单调的生命中，营造一次不可思议和逃避的浪漫时刻"，又是对纯洁、神圣的美好生活的向往。白色的利用由来已久，在我国的传统运用中，白色被视为哀悼的色彩，但在魏晋时期的男子服饰中,衫与袍的色彩多用白色,喜庆婚礼也多用白色。《东宫旧事》记载:"太子纳妃,有白縠、白纱、白绢衫,并紫结缨。"可见,白色的服装不仅作为常服,而且也作为礼服。我国少数民族中把白色作为习惯用色的也很多,如回族、朝鲜族、保安族、傣族等。在西方国家,白色也是新娘礼服的色彩,象征对爱情的纯洁和坚贞。在服装色彩的设计和运用中,白色和淡雅的、鲜亮的色彩搭配,显示了着装者青春健康、艳丽动人、清纯无瑕的魅力;白色与深灰色调的色彩搭配,显示了着装者的时髦、浪漫、冷静和淡漠(如图6-15)。

图6-15 白色显示着装者的高雅、尊贵

灰色是一种素朴之色,具有谨慎、神秘之感,在服装色彩中可以和任一色彩搭配,形成浪漫的气息。灰色向白色过渡是亮灰色,灰色向黑色过渡则是暗灰色。灰色和有彩色系进行组合搭配时,灰色对有彩色会起到烘托的作用,既强调了所选用面料的肌理和质感效果,又使有色面料别有情趣。灰色与淡雅色彩搭配,显示着装者的清洁感;灰色与鲜亮色彩组合,则突出了色彩的饱和度;灰色与低明度的色彩配合,则显示出着装者谨慎、朴素、宁静、端庄大方的成熟气度(如图6-16)。

图6-16 灰色显示着装者神秘和浪漫的气息

② 有彩色系 有彩色系主要是红色、黄色、蓝色、绿色、紫色、粉色系列等。不同明度和纯度的红、黄、蓝、绿、紫、粉等色调都属于有彩色系。有彩色是由光的波长和振幅决定的，波长决定色相，振幅决定色调（如图6-17）。

图6-17 Christopher Kane 春夏推出的有彩色高级时装系列，令人赏心悦目

红色代表了热情、渴望、开朗、速度、喜庆、能量的色彩情感。在服装色彩的表达上，红色与无彩色搭配显示了一种运动效果，如红白、红黑相间搭配的运动装显示出男装的阳刚和帅气。红色与灰色调的色彩搭配，表现出沉稳持重、端庄恬静的凝重之感。红色与色彩鲜明的色彩搭配，显示出女装的青春活力（如图6-18）。

黄色代表了欢乐、想象、希望、幸福、阳光的色彩情感。黄色系列的明度和艳度是所有色彩中最高的，在服装色彩的表现上给人以明快、活泼、飘逸、华美之感。它可与许多色彩搭配，与黑、灰色搭配，显得凝重而时髦，与白色搭配则清心明亮，与有彩色搭配则显示了恬静、秀丽、明快、活泼和富有生命力（如图6-19）。

图6-18　红色系列

图6-19　黄色系列

蓝色使人联想到天空和海洋，具有和谐、稳定、自信、正直、冷静的风格。在服装色彩上会表现出着装者健康向上、充满活力、自信的效果。蓝色又是环保色，很受现代人的喜爱。蓝色与黑灰色搭配，显得着装者严肃、自信、冷静，充满职业风格。蓝色与白色混合，会缓和蓝色的活力，显得色彩更加和谐。蓝色与艳丽的色彩搭配，显示出活泼、健康、旺盛的生命力。蓝色与粉色系组合，显示出时尚、梦幻的着装效果（如图6-20）。

图6-20　蓝色系列

绿色使人联想到森林、草坪，具有沉着、冷静、聪慧的风格，使人们的视觉有种舒适感，是一种柔顺、温和饱满的色彩，但绿色与黑灰色搭配又有庄重、生硬、冷漠的一面，能表现着装者坚强的意志品格。绿色与白色组合显得明快、洒脱。绿色与亮色调的色彩或粉色搭配，显示出纯净靓丽、温文尔雅、潇洒大度的休闲风格（如图6-21）。

图6-21　绿色系列

紫色在有彩色系里明度最低，在色彩搭配时一定要注意它的调和与对比。紫色有庄严、华丽、神秘的一面，又有低级粗俗的一面。紫色与黑、灰色搭配，则显得紫色更加苦涩、忧郁，但又有一种神圣和高贵的气质；与白色混合显得肃穆清亮、雅而不俗；紫色与有彩色系搭配，往往会更加突出有彩色的特点，形成华丽、冷艳、妩媚、神秘的着装效果；紫色与明度高的色彩搭配，具有优雅、浪漫、甜美、轻盈、飘逸的女性感（如图6-22）。

（a）Yves Saint Laure 春夏紫色系列高级成衣展示

（b）女装的紫色系列设计

图6-22 紫色系列

粉色系列具有柔和、浪漫、温暖、清纯的气息，多出现在春秋两季的青少年服饰中，显示青春的艳丽多姿、温柔干练，让人追忆起粉红色的回忆。粉红色与黑、灰色搭配，显示一种成熟、健康、精力充沛的形象；与白色组合，则显示干净利落，平易近人的效果；与有彩色混合，在春夏秋冬不同的季节，可以搭配出款款风情，都能够找到流行的装束，不受拘束，随意而舒适（如图6-23）。

图6-23　粉色系列

（2）按色彩的调和进行配色　所谓色彩的调和，就是按照色彩近似的性质、特点，把有差别的、对比的、不协调的色彩关系，按照色彩设计的形式美法则经过搭配整理、组合、安排，使整个的色调产生和谐、稳定和统一，这在服装色彩的设计中显得尤为重要。

① 色相的对比调和与配色　用不同色相的色彩调和对比，会使服装的色彩效果丰富多彩、绚烂多姿。从色相上来分，色彩的对比调和主要是有彩色系和无彩色系的配色关系。无彩色系和无彩色系的配色、无彩色系和有彩色系的配色、有彩色系和有彩色系的配色是它们的中心内容。

a.无彩色系和无彩色系的配色　无彩色系之间的配色主要是黑、白、灰的配色关系，调和起来比较容易,除了它们不同的色彩含义、象征意义之外,还要利用服装色彩的形式美规律来进行配色,掌握好黑、白、灰明度和距离上的区分,以取得所要表达的色彩效果(如图6-24)。

(a)时装的黑白搭配效果

(b) Cian Fran Ferre 秋冬高级女装发布的灰色系列时装

图6-24　无彩色系与无彩色系的配色

b.无彩色系和有彩色系的配色　无彩色系和有彩色系的配色是设计中常用的方法,黑白灰可以和任一有彩色进行调和,以取得不同的着装理念。无彩色系在现代设计中运用得非常广泛,尤其是与有彩色系进行搭配组合时,它能起到稳重、协调的色彩效果和作用。有彩色的色彩组合如果搭配不协调,就会产生轻浮和浮躁感,所以无彩色就起到了调和的作用。但要注意明度、比例的运用,达到色调一致(如图6-25)。

（a）Diane von Furstenberg 春夏的无彩色与有彩色搭配

（b）有彩色与无彩色搭配的时装

图6-25　有彩色系与无彩色系的搭配

c.有彩色系和有彩色系的配色　有彩色与有彩色的配色是服装色彩搭配中常用的方法，利用不同的色块组合表现不同的服饰效果，特别是在春、夏季节的搭配最多。有彩色与有彩色搭配时，要注意到色彩的整体效果，明确主色、辅色、点缀色的主从关系。一组色彩搭配中，如果需要无彩色占的比重大，就要考虑到无彩色的特点和性能，以及无彩色带给人的视觉效果；如果需要有彩色占的比重大，就要考虑到有彩色的特点和性能。一种色调的把握往往是依靠多种色彩的融合、协调来取得最终整体效果的，特别是有彩色系和有彩色系的配色，有时受到服饰习惯、地域特色、宗教文化等因素的影响（如图6-26）。

(a) 伦敦时装周时装色彩搭配

(b) 春夏服装的色彩搭配

图 6-26 有彩色系与有彩色系的搭配

② 明度的对比调和与配色 色彩的明暗程度对着装效果的影响是很大的，各种有色物体由于它们反射光量的区别而产生颜色的明暗强弱。服装色彩的明度是指服装色彩的明暗程度。某个颜色中加入白色，会使色彩的明度提高；某个颜色中加入黑色，会使色彩的明度降低，所以会出现不同明度的色彩搭配，主要有相同明度色彩的配色、近似明度色彩的配色、高低明度色彩的配色等。

a.相同明度色彩的配色 相同明度的色彩容易产生和谐的效果，有时虽然色相不一致，但不同色相而相同明度的色彩也能给人带来视觉上的柔和感。但也要注意，明度相同容易产生模糊感，距离拉不开，没有重量感等，容易形成视觉疲劳。高明度的色调搭配明快、亮丽；中明度的色调搭配柔和、暧昧；低明度的色调搭配稳重、深沉、典雅（如图6-27）。

（a）Elie Saab 春夏相同明度的色彩搭配

（b）相同明度的色彩搭配

图6-27　相同明度的色彩搭配

b.近似明度色彩的配色　近似明度色彩的搭配是很常见的，由于明度上稍有区分，色彩的深浅变化要比相同明度的色彩调和更容易，服饰配件的色彩也更随意。近似明度色彩的配色可以是多样化的，无论是同类色的、近似色的、对比色的等都可以进行组合搭配。根据设计的需要和目的而选择不同的组合，实际上，近似明度的色彩非常丰富多彩，色调的组合与调和也更加多样化。很多设计师常用到近似明度的色彩搭配以便充实各自的系列设计，完善自己品牌产品的色彩丰富性。所以，近似明度色彩的配色也是我们应该掌握的一种色彩搭配方法（如图6-28）。

(a)近似明度色彩的女装配色

(b) Issa 秋冬近似明度色彩的配色

图6-28 近似明度色彩的配色

c.高低明度色彩的配色 高低明度色彩的配色特别受人们的青睐。高明度的上衣配低明度的裤子或裙子,使人看起来修长、挺拔、充满自信;低明度的上衣配高明度的裤子、裙子,更具有时尚、前卫、浪漫、不拘一格的着装风采。高低明度色彩的配色要注意色彩的互补性和面积、比例的关系。高低明度互补性的色彩搭配要注意色彩的纯度关系,明度上的差异往往会拉大纯度上的色彩关系,所以应该尽量减少纯度上的差异。面积和比例关系也是高低明度色彩配色需要注意的重要环节,色彩的面积大小、比例的合理安排,同样也是高低明度色彩配色的关键:高明度色彩的面积和比例大,会形成亮色调;低明度色彩的面积和比例大,会形成暗色调(如图6-29)。

(a) 高低明度女装的色彩搭配

(b) Hermes 春夏高低明度色彩的配色

图6-29　高低明度色彩的配色

③ 纯度的对比调和与配色　服装色彩的纯度是指服装色彩的鲜艳程度、饱和程度。任何一个颜色，不加入黑、白、灰，它的彩度是最高的，称为纯色。而如果给有彩色类的任何一个色彩加入黑色、白色或灰色，都会使该色彩的彩度降低。一个颜色中所含有色成分的比例愈大，色彩愈纯；比例愈小，则色彩的纯度也愈小。所以在进行服装色彩的搭配时要分清色彩的不同纯度，使颜色和谐。服装色彩纯度的对比与调和主要有相同纯度色彩的配色、近似纯度色彩的配色、高低纯度色彩的配色等。

a.相同纯度色彩的配色　相同纯度的色彩配色更容易取得色彩上的系列感，但容易产生层次感不强、色彩的距离感不清、力量感不强等后果。所以相同纯度的色彩配色要注意色彩的冷暖变化、力量对比、比例大小的搭配（如图6-30）。

（a）相同纯度色彩的女装系列

（b）相同纯度色彩的童装系列

图6-30　相同纯度色彩的配色

b.近似纯度色彩的配色　近似纯度色彩的配色也容易取得柔和的效果，使着装者落落大方、端庄典雅、富有韵味，是职业女性上班着装的理想选择。近似纯度色彩的上下装，配上深色的腰饰或手提袋，显示职业女性的干练与精明。在运用近似纯度色彩的配色时，要注意色彩的色相和明度；不同的色相使用近似色彩的纯度，也要分清主色、辅色和点缀色。一套灰色调的近似纯度的上下装，点缀一条色彩明亮的丝巾会让人看起来更加稳重与时尚。但近似纯度色彩的配色也要考虑着装者的肤色、身高、胖瘦等自身条件。肤色白的人，可以更多、更容易地适应近似纯度色彩的服饰搭配；肤色黑的人，在使用近似纯度色彩的服饰配色时，则要谨慎从事，否则会显得肤色黑黄。身材的高矮胖瘦也要充分考虑近似纯度色彩的服饰配色，尽量扬长避短（如图6-31）。

（a）近似纯度色彩的女装配色

（b）近似纯度色彩的童装配色

图6-31 近似纯度色彩的配色

c.高低纯度色彩的配色 高低纯度色彩的配色效果强烈，色彩对比明显，显示出高雅、华丽的着装效果。但高低纯度色彩的配色要考虑到着装的环境和用途，由于它给人带来的视觉效果很刺激，如果搭配不合理，会产生滑稽、不和谐，甚至丑陋的视觉效果。马戏团的丑角表演，往往会穿着色彩纯度对比很高的服装，以引起观众的注意和喝彩。合理的高低纯度色彩搭配，会产生令人意想不到的色彩效果。伊夫·圣洛朗在日常的设计中就十分注意色彩的纯度对比，尤其是高级成衣的设计，运用的色彩对比更加大胆和泼辣，显示了大师对于色彩运用的娴熟和自信。高低纯度色彩的配色，还要注意色彩的面积和比例搭配，不同的面积和比例也会形成不同的着装效果（如图6-32）。

图6-32　高低纯度色彩的配色

2. 按色彩的自然色调进行系列设计

色彩的自然色调实际上是色彩的自然状态，色彩的天然性是自然色调的最大特征。大自然的色彩是无穷尽的，只有充分把握色彩的色调因素与自然色调，才能设计出更好的服装艺术作品。色彩的自然色调大体分为亮色调与暗色调、淡色调与浓色调、艳色调与灰色调、冷色调与暖色调等。

① 亮色调与暗色调　服装色彩的亮色调主要是色彩明度高的色彩组合，如白、浅黄、粉红、品红、橙色、浅蓝、浅绿、淡紫等，表现着装者明快、高贵、浪漫、鲜明、华丽的色彩追求。暗色调主要是以黑灰色、暗红色、深褐色、紫褐色等，显示出着装者坚强、持重、刚毅、朴素、消极、沉默的性格特征（如图6-33）。

（a）亮色调的服装色彩

项目六 服装色彩的设计方法及应用

（b）暗色调的服装色彩

图6-33 亮色调与暗色调

② 淡色调与浓色调　淡色调主要是以鹅黄、米黄、浅灰色、粉红色、浅玫红色、浅绿色、浅蓝色、淡紫色等为主，表现温和、愉快、轻柔、优美、清澈、透明、简洁的着装风格。浓色调主要是以绛红、深紫、紫褐、青莲、深蓝、暗绿等为主，表现着装者深沉、高深、理智、简朴、传统、忧郁的着装性格（如图6-34）。

（a）淡色调的服装色彩（矢岛功）

图6-34

149

(b）浓色调的服装色彩

图6-34 淡色调与浓色调

③ 艳色调与灰色调　艳色调主要以纯度高的色彩组合为主，主要以黄色、橙色、粉红色、浅蓝色、粉绿色等为主，给人以新鲜、艳丽、热闹、华美、活泼、刺激之感，显示了着装者外向、兴奋、好动的个性。灰色调主要是以黑、灰为主的色调，给人以恬静大方、沉稳儒雅之感（如图6-35）。

(a）艳色调的服装色彩

（b）灰色调的服装色彩

图6-35　艳色调与灰色调

④ 冷色调与暖色调　冷色调主要是以蓝、绿为主的色调，在服装色彩的表现上常常给人以清新亮丽之感，充满了青春气息。冷色调的服装色彩多用在春、夏季，大自然的色彩是取之不尽的设计源泉。暖色调主要以红、橙、黄色为主要色调，给人以热情、奔放的感觉，容易让人接近。暖色调的服装色彩多用在秋、冬季，以适应季节的变化和人们的着装需要。很多服装设计大师对于冷色调和暖色调的服装色彩的驾驭能力是十分娴熟的，他们会利用不同的冷暖色调表达不同的审美需求，以满足不同消费者的市场需要。所以，我们在日常的设计中，要善于和大胆地去尝试不同的冷暖色调的配色关系，以达到设计效果和设计目的（如图6-36）。

（a）冷色调的服装色彩　　　　　　　　　　（b）暖色调的服装色彩

图6-36　冷色调与暖色调

服装色彩

任务小结

从以上各任务实施可以看出，色彩与服装整体的风格协调；服装的色彩与实用功能相协调；服装的配色满足消费者的审美需求；色彩与材料结合后的效果配色等要素在着装状态中均具有丰富的色彩表现力。服装色彩的搭配，还要符合实用与装饰美的目的。另外，服装本身配色的调和，服装与配件、附件的色彩谐调，与图案的色彩谐调，与穿着者的年龄、性别、职业及环境的谐调等都是重要的设计因素。

知识拓展　足球队服色彩设计

四年一届的世界杯足球赛，成为球员与球队形象展示的舞台，各大体育服饰品牌纷纷逐鹿"世界杯"，随时准备为各大球队设计战袍（如图6-37、图6-38）。

图6-37　2010年Dolce & Gabbana为意大利球队设计的队服草图

简单流畅的线条勾勒出意大利队战袍的效果图，长款西服的设计让男士看起来更为绅士，运动款的白色T恤衫，很有品质感。Dolce&Gabbana尽心尽力的设计为意大利队增加一抹帅气。

图6-38　Dirk Bikkembergs为FC Fossombrone俱乐部设计的主场队服

　　Bikkembergs根据俱乐部的传统重新设计了球衣以及各种平时穿着的服装和配件，从2004年开始，球队成为了Bikkembergs Sport品牌的代言人，拍摄广告甚至走秀。

任务三　服装色彩设计的效果与评估

任务分析　服装色彩设计预期目标的确立与实施

　　服装设计采用什么样的色彩搭配出完美的效果，是设计师应当考虑的基础问题，在掌握了色彩搭配基础常识的基础上，设计出来的服装才更加适合市场的需求，才更加人性化。

　　根据市场调研，流行色机构的信息发布，面料商提供的色卡，把构想的最重要的色彩分离出来，建立一个调色系统，结合制作的需要，确立本次的设计应该是小系列、中系列还是大系列。然后运用建立的调色系统组成多个系列的色谱方案，假如需要设计一个中系列的时装组合，就要按大系列来准备，力求做到一个系列有多个色彩设计方案。最后进行色彩调整，取得色彩的和谐。一旦色彩的设计方案确立下来，下一步就是寻找设计的素材。除了供货商的提供，更多的时间得去跑面辅料市场，以便发现自己最理想的设计元素，进一步整合色彩方案，一般情况下，每个系列的色彩以6～8种色为宜（如图6-39）。

图6-39
服装色彩的预色方案

相关知识与任务实施　**服装设计色彩与产品色彩的自我评估**

　　经过反复的调整、修改，样品制作出来后，对照设计图纸查看预期的服装色彩方案有没有实现，建立的调色系统与成品色彩之间的联系、点缀色运用得是否恰当。如果前期工作都准备充分的话，这一步的工作应该是很轻松的。色彩设计的预案工作应该包含成品色的准确性和维持它原有品质这一重要内容。产品的策划者应该和各个部门（如市场调研部、商品开发部、设计中心、购买/供应部、生产部、物流部、销售部、客户信息部等），进行正确的、适合的沟通。还要与面辅料的供货商进行磋商，拟定色彩预案和实际色彩之间的误差值，以便供货商及时调整工艺程序，以保证大货的色彩质量和服装产品的色彩品质（如图6-40）。

项目六　服装色彩的设计方法及应用

图6-40

服装色彩

图6-40　Adicolor 彩色系列的产品色彩效果

任务小结

色彩的流行信息多来自市场销售的潮流及社会专业机构的发布。流行色彩的传播，一定是经过如报纸、杂志、电影、电视等媒体来进行扩展的。作为服装设计师而言，捕捉色彩的流行信息不必拘泥于分析、调查与统计销售情况，而要凭着职业的"嗅觉"去感受和创造新的色彩流行。利用掌握的情报预测资料的社会信息，指导服装色彩设计的构思，使设计的产品适销对路，使新的色彩组合体现服装的整体美。

知识拓展　色彩设计的职业面向

服装色彩搭配、陈列师、个人形象色彩设计、纺织品色彩设计、产品色彩设计、涂料色彩设计、汽车色彩设计、室内色彩设计、建筑色彩设计、灯光色彩设计、舞台色彩设计、园艺色彩设计、平面色彩设计、时尚买手等领域（如图6-41）。

图6-41　色彩搭配手册

教学与实践评价

项目训练目的：

通过服装色彩的设计方法与内容的任务实施训练，掌握服装色彩形式美的内容，利用服装色彩设计的方法，进行服装色彩设计的效果评估。

教学方式：由教师讲述服装色彩的设计方法与内容，然后对照相应的图片给予合理地讲解，运用多媒体教学，播放各类时装发布光盘和影碟。

教学要求：

1.掌握服装色彩形式美的不同内容，结合实际，能设计出不同内容的服装色彩系列组合。

2.在理论上认识服装色彩的设计方法，能够熟练掌握服装色彩的主题情调设计、风格设计和系列设计的方法。

3.掌握服装色彩设计的效果评估，能够运用市场调查做出相应的色彩判断。

4.教师组织进行课堂讨论，并对讨论结果予以点评和总结。

实训与练习：

1.分别对服装色彩形式美的不同内容做最少两个系列的色彩设计训练，并做出相应的文字说明。

2.运用服装色彩不同的设计方法、结合流行元素，分别设计出两个系列以上的服装色彩训练。

3.运用市场调查和搜集的流行信息，做出两个系列的服装色彩设计预案，然后能根据市场产品做出自我的色彩评估。

项目七
流行色在服装色彩设计中的应用

学习目标

1. 了解流行色的基本概念、组织机构。
2. 掌握流行色的内容，收集服装流行色的信息，能在实践的设计训练中加以运用。

项目描述

在世界范围内的各个国家和各个民族，由于种种原因都有自己爱好的传统色彩和长期习惯使用的基本色彩，这些色彩适应性广、使用时间长，有些色彩还多年保持不变，这些色彩我们称为常用色。常用色和流行色相比，它变化缓慢、延续性长、适应性广、使用时间也更长。

流行色和常用色都不是一成不变的，它们相互依存、相互转换。某种常用色可能在一定时期、一定阶段演变、进化为流行色，而某种流行色因流行时间长、普及率高也可能被其他颜色所替代，转变为常用色。所以说，流行色既区别于常用色，又离不开常用色。

本项目重点任务有两项：任务一，服装与流行色；任务二，流行色在服装中的应用。

服装色彩

任务一　服装与流行色

任务分析　流行与流行色

流行是一个周而复始的规律循环过程，又称风行。它是指社会上相当多的人在较短的时间内，由于追求某种行为方式，并使之在整个社会中到处可见，从而使人们相互之间发生了连锁性感染。流行的内容相当广泛，不仅服装有流行，其他领域同样也存在流行，诸如流行音乐、流行舞蹈、流行发型等人类生活领域，而且人类的思想观念、宗教信仰等意识形态领域也存在流行。总之，流行是在一定文化条件和空间范围内为人们广泛采用的一种行为特征，它是人类标异心理和趋同心理的物化。

"流行色"是一个外来名词，它的英文名称为fashion colour，意为合乎时代风尚的颜色，即"时髦色、时兴色"。也有的称为"fresh living colour"，意为"新颖的生活用色"。具体地说，流行色是指在一定的时期和地区内，被大多数人所喜爱或采纳的几种或几组时髦的色彩。这里值得注意，流行色不是一种色彩或一种色调，它常常是某几种色彩或几组色彩及色调，或称"色群"。它也是在一定时期、一定社会的政治、经济条件下的综合产物。在服饰、纺织、轻工、食品、家具、城市建筑、室内装饰等多方面的产品中，普遍存在流行色。其中，反应最为敏感、最为典型、最具诱惑力的首先是服饰和纺织产品，因为它们的流行周期最为短暂，变化也最快。

相关知识与任务实施

（一）流行色的预测

流行色预测的依据大体有三个方面：一是靠市场调查，这是预测流行色的一个群众基础；二是根据自然环境、现实生活以及当地传统文化来分析；三是根据流行色的演变规律，来分析预测。流行色的演变规律有三种趋向：一种是延续性；一种是突变性；另一种是周期性。

目前国际上流行色的预测方法有两种：一种是日本式的测算统计法，即在广泛调查市场动态、深入分析消费层次的基础上，进行科学统计测算的方法。日本的调查研究工作非常科学、细致，往往要以几万人次的色彩数据为依据来统计，然后才能得出结论。另一种是西欧式的直觉预测法，这是流行色预测最基本的方法。这种方法是由法国、德国、意大利、荷兰、英国、瑞士、奥地利、芬兰、西班牙等西欧国家的流行色专家制定的，这些专家一直是国际流行色界的先驱，他们对西欧的市场和艺术有着丰富的感受，以他们个人的才华、经验与创造力来预测代表国际潮流的色彩。

（二）流行色的产生和发布

流行色起源于欧洲，以法国、意大利、德国等国为中心区域。它是在某种社会环境和背景条件下产生的一种社会现象,是社会心理和时代潮流的产物。流行色的产生不是由一个人或几个人的主观愿望所决定的,也不是色彩专家凭空想象出来的,更不是服装设计师、厂家、销售商闭门造车所创造出来的,它反映的是整个消费群体对色彩的自然需求。流行色的产生主要根据市场色彩的变化动向与流行色协会专家的灵感预测,这就需要做大量细致的准备工作,包括研究色彩学的色彩要素及秩序特征,研究人们的生理、心理因素,研究消费者的风俗习惯和消费动向等。因此,流行色的产生既带有主观的人为因素,又有严格的科学依据,所发布的流行色趋向对服装销售市场和消费者都具有导向作用,同时也极大地影响时装的流行趋势。

国际流行色协会每年都在法国巴黎召开两次色彩研讨会,分别在每年的2月份和7月份举行,届时协会的成员国都要派本国两名代表参与并提供本国流行色预测案本及色卡,共同研讨18个月之后的流行色。协会根据各会员国成员提出的预测,经过讨论推荐出一个大家均认为可以接受的提案为蓝本,各国代表再进行补充、调整,推荐出的色彩只要有半数以上代表表决通过就能入选。这就是18个月后的流行色。在国际或国内所发布的流行色定案中,都有一个总的或若干个新主题,有的还附有一些文字说明。这些主题是为了阐述每季流行色的总体思想和总体精神风貌,以帮助人们理解本季流行色的含义。每次发布的流行色,都不是一种色彩,而是按照男装色彩、女装色彩或是按照主题分为若干个小组,每个小组又由很多种色卡构成。"每组色卡都有其灵感来源:恬静的自然色、淳朴的乡间色、浓重的都市色调等"(如图7-1)。为保证流行色发布的正确性,大会当场就将各种有色纤维按色卡的标准分给各会员国代表,供大家回国后复制、使用。考虑到这是预测18个月之后的流行色,所以协会规定:半年之内不得将该色卡在公开的书刊、杂志上发表。

(a)天然纱线　　　　　　　　(b)恬淡渲染

(c)浓重色调　　　　　　　　(d)爽目清新

图7-1　色彩的灵感来源

（三）服装流行色信息的收集渠道

收集服装流行色信息是服装设计人员和相关人士的一项重要工作，目的在于掌握服装流行色发展的动向、趋势，从而引导服装流行色的开发创新。服装流行色信息收集的途径很多，信息量也很丰富，有对现今社会上服装色彩流行趋势的了解，有对当时当地人们生活习惯、风俗爱好、审美情趣的熟悉等，服装设计人员必须多方位地收集、分析、归纳、筛选、储存这些信息，要从现在的流行色彩中，预测将来的色彩流行趋势，把它们作为服装流行色设计的依据。收集服装流行色信息的具体工作，可从以下几方面着手：

1.参阅国内外相关期刊样本

流行色的流行情报，主要来自国内外公开发行的刊物。相关期刊样本包括一些流行色刊物和服装刊物。国外有关流行色的书刊有《国际色彩权威》《CHELON》《巴黎纺织之声》等。其中，《国际色彩权威》是国际上发布预测流行色权威性较高、影响性较大的刊物，书上发表的色谱是由英国、美国、芬兰共同研究发布的。我国在研究、预测、发布流行色方面较具权威的杂志是《流行色》。除此之外，还有其他服装刊物上发表的一些流行色信息、简讯等。

国外服装期刊有《世界时尚》《ELLE》《时装星球》等，国内有《时装》《服装设计师》等。在参阅服装期刊样本时，应该重点分析服装的色彩有何变化，并注意衣料质感与色彩结合后所产生的效果。另外，杂志上服装模特的发型色彩、配饰色彩变化等也不能忽视。

2.收集各类媒体传播的相关信息

媒体包括电视、报刊、广告等。这些媒体传播的流行色信息除了国际流行色协会或国内流行色协会每年发布的春夏季和秋冬季流行色卡外，还有一些流行服装信息。如巴黎、伦敦、米兰、纽约、东京每年两次的时装发布会，以及高级时装表演会和面料博览会所发布的时装新款信息，从这些时装上我们可以分析色彩的流行动向与趋势。

除了以上媒体传播的信息外，还要收集一些国内高级时装设计师的作品发布会、设计师举办的作品展活动、国内流行趋势发布会等活动中的色彩流行信息。

3.考察消费者的心理需求

人为的引导、设计、推广对某种色彩流行也能起到促进作用。这样，我们通过访问、座谈、调查以及服装展销等方案来了解消费者对服装色彩的需求。同时，还可考察各地风土人情、民间服饰色彩及图案色彩，以此来积累资料。通过对过去、现在、未来服装色彩的分析、研究，来观察色彩流行的趋向。

任务小结

决定流行色的因素很多，不是单单靠几个设计师就可以决定的。有威望的服装设计师在考虑下年的流行色时，要考虑一些艺术和社会心理学方面的因素，还要结合实用和成本控制，还有季节因素。研究出来的最新材料也会成为考虑因素。艺术上主要是根据当前的流行艺术风格作参考。社会心理方面是多考虑大众对前两年流行趋势的接受程度和逆反心理。实用方面更是要求高，主要是根据瞄准的消费者人群，以他们的生活环境、工作环境来参考。

知识拓展　　流行色研究机构

（一）国际流行色协会

国际流行色委员会成立于1963年，此委员会是国际上最具权威性的研究纺织品及服饰流行色的专门机构，该委员会的全称为"国际时装与纺织品流行色委员会"，英文名称为"International Commission for Colour in Fashion and Textiles"，简称为"Inter Colour"。该协会由法国、瑞士、日本发起而成立，总部设在法国巴黎。协会的亚洲成员国只有日本和中国，其他成员国大都是欧洲的一些国家。我国是于1983年2月正式加入该协会组织的。国际流行色协会主要成员国及其组织见表7-1。

表7-1　国际流行色协会主要成员国及其组织

国　　家	组　　织
法国	法兰西流行色委员会、法兰西时装工业协调委员会
瑞士	瑞士纺织时装协会
日本	日本流行色协会
德国	德意志时装研究所
英国	不列颠纺织品流行色集团
奥地利	奥地利时装中心
比利时	比利时时装中心
西班牙	西班牙时装研究所
芬兰	芬兰纺织整理工程协会
荷兰	荷兰时装研究所
保加利亚	保加利亚时装及商品情报中心
匈牙利	匈牙利时装研究所
波兰	波兰时装流行色中心
罗马尼亚	罗马尼亚轻工产品美术中心
中国	中国丝绸流行色协会及全国纺织品流行色调研中心
意大利	意大利时装中心

国际流行色协会除了上述成员国参加以外,还有一些以观察员身份参加的组织,如国际羊毛局、国际棉业协会等组织。国际流行色协会每年举行两次年会,分别于2月份和七月份举行,每个成员国派两名专家代表参加,共同研讨18个月之后的国际流行色。

(二)中国流行色协会

中国流行色协会于1989年由中国丝绸流行色协会及全国纺织品流行色调研中心合并而成。中国丝绸流行色协会成立于1981年,全国纺织品流行色调研中心成立于1982年,两组织的总部均设在上海,成员大都是业内人士,也有社会上相关人员参加。中国流行色协会每年也召开两次年会,以研讨、预测和发布春夏及秋冬两期的流行色卡。公开发行的国内杂志有《流行色》《中国纺织美术》。

任务二 流行色在服装中的应用

任务分析　流行色的应用目的

研究流行色的目的在于应用,流行色可以应用在人们生活的方方面面中。服装对于流行色是最敏感的,服装需不断地随季节和时尚潮流转换,色彩也随之变化。因此,服装流行色的变化速度最快。在国际市场上,同样规格和质地的服装,具有流行色和色彩过时的服装价格可相差数倍甚至是几十倍,可见流行色在服装上的作用非常重要。有时,服装质地极好,但如果式样陈旧、色彩过时,就是打折再多,也很少有人问津。

相关知识与任务实施

1.流行色卡的识别

国际流行色委员会每年都要发布1～2次流行色,每次预报和发布的春夏季或秋冬季流行色一般有男装色谱、女装色谱和总谱,这些色谱都是以色卡的形式进行宣传和传播。流行色不是一般人所认为的只有一两种色,也不是单独的几个色相,而是由几个色相的多种色彩组成的,带有倾向性的好几种色调,以适应多方面的需要。乍一看色卡,大致有二三十种色彩,红、绿、黄、蓝、黑、白、灰……给人感觉就是什么色彩都有,让人一时难以识别(如图7-2)。但是,我们仔细分析每种色卡,可以大致分为若干色组。

(1)时髦组　包括即将流行的色彩——始发色,正在流行的色彩——高潮色,即将过时的色彩——消褪色。这些给整个流行色以打扰的意境,是流行的主色调。

(2)点缀色组　一般都比较鲜艳,而且往往是时髦组的补色,它只在整个色彩组合中起局部的、小面积的点缀作用。

（3）基础常用色组　以无彩色及各种色彩倾向的含灰色为主，加上少量常用色彩，该色组是适应面最宽的流行色。

另外，色卡上的文字说明也有助我们对流行色的认识、理解，应该仔细阅读、仔细领会（如图7-3）。

2.流行色在服装设计中的应用

有人认为流行的就是美的，其实流行有时是一种感觉，来得快去得也快。如果我们掌握了流行色的一些搭配技巧，再根据不同的季节，以及色彩的冷暖轻重来选择自己的服装、配件等，就可实现色彩的和谐之美，展现富有个性的美丽。

在服饰设计中，流行色应用的关键在于把握主色调。所谓主色调，即占统治地位的色彩倾向。服装的主色调带给人第一感觉，使人产生直观印象和深刻的记忆，能够充分体现穿着者的性格、特征和情感。另外，我们按照当季流行色卡所提供的色彩进行配色设计，实际上就是一个定色变调的过程，其中有着千千万万的变化，个人主观发挥的作用极大，但在面积比例上我们要注意配色的适度。

流行色在服装设计中的具体应用，主要有以下四种配色方法。

图7-2　色卡

（a）以雾色为主题的色组

图7-3

服装色彩

（b）以浓色调为主的色彩组合色调

（c）以冷色调为主的色彩组合色调

（d）以暖色调为主的色彩组合色调

图7-3 色卡上的文字

（1）单色的选择应用　生活中的服装都是由各类色彩构成的。单色应用是服装配色中的重要组成部分，所形成的服装具有较高的审美情趣，给人稳重、成熟的感觉。流行色卡中的每个颜色都可单独使用，以此构成的服饰色调，无论是男装、还是女装都能取得良好的效果（如图7-4）。

项目七　流行色在服装色彩设计中的应用

图7-4　单色的选择应用

图7-5　同色组的组合和应用

（2）同色组的组合和应用　同色组的组合和应用是指在同一个色组的色卡中选择几种颜色进行配色，这是最能把握流行主色调的配色方法。具体做法是：先选择主色，再根据主色的色相、明度、纯度及冷暖选择相应的搭配色和点缀色。由于这些颜色都出自同一个色组，很容易体现流行色特定的色彩情调和气氛（如图7-5）。

图7-6　各色组的穿插组合与应用

图7-7　流行色与常用色的组合应用

（3）各色组的穿插组合与应用　这是指选择颜色不受流行色的色组限制，超越色组进行配色，是一种多色构成法。具体做法是：先选用一种颜色为主色调，其他各组的色彩有选择地穿插应用，这是变化最丰富的一种配色方法。这种配色方法色调差最明显（如图7-6）。

（4）流行色与常用色的组合应用　这是服饰色彩设计中最常用的组合手法。这种设计方法，可以引起更多消费者的共鸣。该配色方法应用在服装上既能体现一定的流行感，又能为相对保守的人们所接受，从而使流行色在服装应用上的范围也得以扩展（如图7-7）。

任务小结

服装的流行色可以说是人为的，但又是为人的。服装的款式和流行色适用的关系相当密切。新的款式需要用新的色彩去显示它的魅力，而新的色彩又必须通过新的款式才能使消费者认识，从而扩大影响，形成"潮流"。流行色和流行款式结合成为一个整体，同时形成、同时推出。

流行款式的服装十分重视时代感，而流行色是体现时代感的重要因素，在服装上无论运用什么流行色，一定要抓住色彩情调的特征，充分体现出个性、感情与气氛。

知识拓展　服装流行色应用效果的评估

21世纪是工业与科技日新月异的年代，纵观近年来的春夏季、秋冬季的流行色以及其发展趋势，趋势诠释了未来流行色的潮流关键词，即浪漫、现代、自然、原始。未来的春夏色彩会变得更加璀璨夺目，并且是前所未有的活泼鲜明。

田园乡村与回归自然是恒久经典的理念，同样灵感源于此理念的经典色系把乡村的优雅表达得淋漓尽致。春夏流行明快的颜色，但色彩的强调则聚焦在平衡与柔和感上，从而突出一种敏感娇柔、热情的视觉效果（如图7-8）。

古典风格的变奏，加入自然的设计及植物主题图案，令人联想到春天百花齐放的生机勃勃景象。纵览秋冬流行动向，深沉稳重的暖色系占据了主要的潮流。人们爱用的色彩——宝石蓝色是这一主题的色彩重点（如图7-9）。

体验一种全新的生活方式，让心灵的假期将人们从繁忙的负赘中就赎出来，为疲惫的精神寻找一片温柔、玩味、放松、陶然、自我。精神的愉悦和文化的内涵将成为最时尚最耀眼的闪光点游弋在明快、鲜亮、娇媚、清爽的时尚色彩之中（如图7-10）。

轻松、妩媚、沁人心脾，犹如一股清纯的春风拂面而过，富丽而永恒的风格，民族的艺术色彩再次被认识、被演绎。该主题色彩浓重深邃，并通过手工绣花、印染的细节注入活力（如图7-11）。

一个强调精神享受层次上的乐观、向上的季节。生机勃勃，朝气盎然则是这一主题的特征。轻盈浪漫与温柔妩媚的和谐乐章，洋溢一派轻松自在的生活情趣。精致、精美、表达出高雅品位的成熟精神。该主题色彩流露出女性气质的色调，乳白色及自然的肌肤色相依相偎，浅淡的粉彩色配以金土色加以点缀（如图7-12）。

图7-8　田园乡村的色彩效果　　　　图7-9　宝石蓝色效果

图7-10　时尚色彩效果　　图7-11　民族的艺术色彩效果　　图7-12　乳白色的妩媚

服装色彩

教学与实践评价

项目训练目的：

通过流行色应用于服装色彩设计中的任务实施学习，理解服装与流行色的基本概念，掌握流行色在服装中的应用。

教学方式：由教师讲述服装流行色的基本概念、组织机构，以及如何使用服装流行色，同时结合相关资料和图片来分析流行色在服装上的应用效果。

教学要求：

1.让学生掌握服装流行色的基本内容。

2.让学生在实践的设计训练中能熟练运用当季的流行色。

3.教师组织学生进行课堂讨论，讨论当季服装流行色的应用效果。

课堂作业：

1.如何认识流行色？如何认识常用色？两者之间的关系是什么？

2.色卡制作：把白板纸裁成2cm、4cm规格大小的纸卡，纸卡不得少于100张，用水粉色调出各种不同的颜色，然后每色一张地平涂在纸卡上，并把它们按相同色相排列在一起。

3.流行色应用练习：在8开素描纸上设计一系列春夏服装，并画出效果图，任意选用上一题制作的色卡纸上的3种颜色，进行流行色的应用练习，体验流行色在服装上的应用效果。

4.结合流行趋势，自测推出一组秋冬流行色，并写出这组流行色的灵感来源及命名，再根据自测的流行色卡上的颜色设计一系列秋冬服装，不得少于3套，并在8开素描上画出效果图。

项目八
服装色彩的企划过程及应用

学习目标

1. 了解服装色彩企划的程序，能制定切实可行的配色方案。
2. 掌握服装色彩的企划原理，学会运用服装色彩进行商业目标客户的服装CI企划。

项目描述

服装CI系统是推动服装企业走向成功的现代化经营战略，是成功开拓市场的利器，是创造品牌的有力手段，是企业可持续发展的基本战略。CI被称为赢得市场与顾客的战术法宝，它给企业带来了无形资产。CI可以帮助企业树立企业和产品形象，提高消费者对企业的认知程度。一个成功的品牌必定是运用了鲜明的色彩来表现企业品牌个性，掌握服装色彩的企划原理，正确制定配色的方案，巧妙利用色彩对品牌或商品进行营销定位，有利于新兴品牌快速取得知名度，也有利于老品牌重新焕发生机。品牌服装在色彩的处理上通常会根据品牌自身的风格定位，确立与之相吻合的色彩的基调。

本项目重点任务有两项：任务一，服装色彩的企划过程；任务二，成功品牌服装色彩设计案例分析。

服装色彩

任务一 服装色彩的企划过程

任务分析　服装CI系统

CI是英文corporate identity的缩写,其定义是将企业的经营理念与精神文化,运用整体传达系统(特别是视觉传达系统),传达给企业内部与社会大众,并使其对企业产生一致的认同感或价值观,从而达到形成良好的企业形象和促销产品设计的系统,是现代企业走向整体化、形象化和系统管理的一种全新的概念。

服装CI系统即服装企业形象识别系统,是服装企业大规模经营而引发的企业对内外管理行为的体现。当今国际服装市场竞争愈来愈烈,企业之间的竞争已不仅仅是产品质量方面的竞争,已发展为多元化的竞争。服装企业欲求生存必须从管理、观念、形象等方面进行调整和更新,制订出长远的发展规划和战略,以适应市场的发展。

相关知识与任务实施

(一) 选择切实可行的配色方案

服装是由色彩、材料和款式三大元素共同组成的,三者缺一不可。俗话说"远观色,近看花"。人类视觉对物体的第一感觉就是色彩。服装色彩也是完善服装个性及风格的重要途径(如图8-1、图8-2)。

图8-1　服装色彩的展现 (一)

图8-2　服装色彩的展现 (二)

中国的运动服名牌——李宁品牌率先导入CI，其设计简洁大方，线条刚柔相济，体现出产品的品牌名称及特色，而且利用名人效应以及大型体育赛事的传播途径，迅速为广大消费者所接受和认可。于是在很短的时间内，李宁品牌成为老百姓心目中的名牌。

宁波雅戈尔集团也成功导入CI战略，以"装点人生，还看今朝——雅戈尔衬衫、西服"为广告词，并对其管理理念、营销规范进行策划，使这个服装企业知名度大增，其利润也连年翻番。

近年来不断崛起的汉派服装也得益于CI战略，出现了"康赛""美尔雅""太和"等服装品牌。武汉太和集团1996年初全面导入CI，对公司整体形象和产品标识重新策划、设计和包装。为了争夺全国市场，太和在中央电视台的广告进行了所谓"零利润投入"，即将利润全部投资广告，进一步加大CI战略的实施，使企业在服装行业中脱颖而出，创造出名牌效应，占有服装市场。

（二）厘定服装企业成衣色彩的设计特点

成衣是按照标准号型成批量生产出来的衣服，其设计是针对群体共性的需求，不能顾及个体的要求。设计产品的程序是规范化的，生产是批量化的、工业化的。

成衣设计伴随的经济价值远远高于定制的衣服，企业投入的资金、承担的风险都很大。因此，企业在决定生产之前都要精心地进行产品的规划及销售的预测，以免做出错误的决定，造成巨大的经济损失。在销售过程中要随时分析售卖的信息以便正确地追加货物，销售过后还需认真地评价，吸取成功和失败的经验。这就决定了服装色彩设计的基本工作内容，要准确预测新一季的色彩，合理地计划商品色彩的配置比例，适时进行色彩计划的调整，客观评价色彩计划的效果。

成衣的贸易流程长，所以在服装业比较发达的国家和地区，品牌成衣企业从纺织、染色开始的色彩计划工作在成衣推出的前两年就开始了，设计主体和生产的准备是在一年至6个月前确定的。

（三）服装企业色彩的选定计划与实施

成衣的色彩总体计划是对产品色彩的预测、投入、产出与销售全面系统的规划。一个正确的色彩选定计划，为产品制定出一条清晰的色彩使用路线，使生产、销售有序地进行。

信息的收集与流行的预测。服装作为一种时空艺术，依存于各种信息来展开设计、生产、销售等一系列的经营活动。能否及时地掌握信息、能否有效地利用信息，在资讯传媒高度发达、市场竞争异常激烈的当今，直接关系到品牌的生死存亡。业内资讯主要指服装行业乃至整个时尚产业内的流行的资讯，来源于时装发布会、流行色的发布会。国际和国内的流行色协会通常会提前18个月公布流行的预测信息，将其提供给业内企业。国际流行色委员会（International Commission for Color in Fashion and Textiles）是非盈利机构，是国际色彩趋势方面的领导机构，是目前影响世界服装与纺织面料流行颜色的最具权威的机构。国际流行色委员会每年召开两次色彩专家会议，制定并推出春夏季与秋冬季男、女装四组国际流行色卡，并提出流行色主题的色彩灵感与情调，为服装与面料流行的色彩设计提供新的启示（如图8-3）。

图8-3　流行色发布色

服装企业尽可能地收集服装色彩方面的有关信息，信息越多越详细对市场的把握就越准确。如企业的销售状况、消费者的消费倾向、社会的生活动态、媒体宣传的时代精神导向、文化艺术风尚等，生活中各个方面的变化都可能影响到色彩的流行，新的设计是在对这些信息分析的基础上展开的。

1. 色彩选定的计划与实施的步骤

（1）信息的分析　服装流行信息的收集通过一定的表达方式体现出来，色彩及面料指用图示+文字的形式表现材料、质感、图案、纹样等新一季的色彩、面料特征。并结合本企业品牌的市场定位和设计风格，对收集的信息进行分析整理。分析时把握好色彩流行的大方向，设计开发出符合流行特征的产品，并赢得市场。要对面料色彩进行整体分析，因为每个区域的产品最终消费者对面料、色彩的接受程度是不一样的，所以在处理流行色信息的分析时，把这些因素结合考虑最为重要。不仅仅是国际流行元素还有国内不同地区的消费者对流行的接受也不一样，譬如北京25～35岁的消费者和上海25～35岁的消费者对流行色彩的追随是不一样的。这些资讯的搜集以及整理、分析工作是一个非常复杂的，但又是极为必要的过程。服装企业在配色时一定要结合本企业品牌的市场定位和设计风格，对收集的信息进行分析和整理。

（2）确定设计的概念　根据上述的分析和研究，由设计师提出下一季的设计概念，其中包括色彩的主题，同企业领导及相关部门共同讨论、修改。确定出企业的色彩预案。

（3）设计的实施　根据企业品牌目标顾客的嗜好、倾向选定主题的代表色并做出系列的配色计划。品牌服装在色彩的处理上通常会根据品牌自身的风格定位，确立与之相吻合的色彩基调。这是确立一个品牌符号系统的重要步骤。服装设计的配色是十分复杂的，尽管从理论上来讲是属于好的配色，但实际运用到服装上，有时达不到预想的效果。原因在于，服装色彩的效果是在面料性能以及表面肌理所营造的个性风格之上体现出来的，如果服装配色脱离了面料这一因素，配色就是纸上谈兵。在商品企划的过程中，多数品牌将色彩分为基本色系和流行色系两大类。

所谓基本色系就是指能体现本品牌一贯风格的色彩基调。例如Versace男装以黑色为基本色的设计（如图8-4）。

图8-4　Versace时装作品

基本色系是商品企划在服装总体设计中相对稳定的部分，是针对本品牌的定位消费人群的审美倾向而做出的色彩界定，是区别其他品牌的主要识别符号之一，是体现本品牌的个性魅力、风格形象的有效途径。基本色系的确定一般由两大因素促成：其一，基本色系的确定与本品牌的定位人群的衣着消费习惯、审美方式中的色彩选择行为相符合；其二，基本色系的确定与本品牌定位人群所对应的着装形态、着装方式相符合。

流行色系又称为流行主题色，是品牌商品的企划者根据流行趋势适时推出的、符合本品牌风格以及被人们广泛认同的色彩系列。在衣着方式愈来愈个性化的今天，流行色早已不再局限于单纯的色彩，而是以主题色彩形成的一组或多组色彩，以便于各种风格不同的品牌通过选择，重构出自己的流行主题色系。根据流行现象的同步与分流规律（在同一时期存在不同的流行潮流，同一流行潮流在不同时期、不同人群中的变异和转化），服装流行色即使在同一流行趋势下，仍然具备体现不同品牌服装色彩倾向的分流特征。

（4）确定面辅料制作样衣　样衣的色彩应该是主题代表色。如需修改，则要各部门共同讨论、修订。

（5）展示订货　自行举办或参与行业的服装发布会、订货会，接受批发商、零售商的订货。

（6）商品的色彩计划　当订货的数量决定某一系列产品可以投产时，要根据订单制订生产计划。如果是自营品牌，商品色彩计划的责任就比较重大，企业要召集各相关部门共同研究，如首批货的色彩配置比例，具体生产的数量，然后交由采购生产部门执行。

（7）销售设计　商品上市后要保证设计意向的准确传达。所以，专卖店、专柜都要根据商品展示的需要进行统一的陈列设计，使色彩的搭配能充分展示商品的气氛与品味。

（8）信息反馈　新商品销售开始后，要及时掌握销售情况，并要留心收集其他类似品牌的售卖动向，以便及时准确地制订货物追加计划。同时，要将消费者对商品的评价、售出的款式和色彩等做出详细的记录。

2.服装商品色的配置

商品色是在被销售商品上所使用的颜色。服装上的商品色可以分为主导色、点缀色、常用色。主导色是在新季节中能够卖得好的颜色;点缀色是为了衬托主导颜色而实际使用量很少的颜色;常用色是一些极少受流行的影响、长年被使用的颜色,如黑色、白色、米色等。

服装企业是根据流行色来确定自己的主导色,上市的衣服以这些色为主。主导色是企业认为可能畅销的代表新产品形象的若干色,这些色在销售上往往有较大的差别,所以应该多配那些能适应多数消费者的颜色,少配那些适应面窄的颜色。例如,COME GIN(襟牌 时尚·邓达智)由香港顶级服装设计师邓达智先生为首席设计团队,设计色彩表现品牌形象色:红色为主,黑色和银灰色为辅。产品基本色:黑色、白色、藏青色、卡其色、咖啡色。产品主导色:以欧洲最新的流行颜色为主导(如图8-5)。

图8-5 襟牌 时尚·邓达智

点缀色一般运用于服饰品、印染图案或配穿的里层衣服。因为是配色,所以色彩是根据主色的调和而定的,可以使主导色引人注目。

商品的配货量宜少不宜多。常用色中白色较多用于衬衣,黑色、藏蓝色、米色多用于裤子。这类色常用于基本款式,常常能够跨季节、跨年度销售。企业在计划商品色时只要抓住这些常用色,即使主导色预测失误,也能保证一年的销售额。

企业采用流行色的商品是高风险的,往往是流行期一过就没有人购买了,所以初期投放不能仅凭推断,量可以少些,而后再继续追加。在没把握的情况下宁可少卖,不要积压,因为严重积压的往往是曾经热销的那些颜色的衣服。

任务小结

① 服装CI系统的实施,对内促使服装企业的经营管理走向科学化和调理化,对外提高服

装企业和服装产品的知名度，增强社会大众对企业形象的记忆和对企业产品的认购率。

② 服装CI设计对其办公系统、服装生产系统、管理系统以及服装营销包装、广告等系统形象形成规范化的设计和管理，由此来调动企业员工的积极性和参与企业的发展战略，帮助企业在服装行业中脱颖而出，创造出名牌效应，占有服装市场。

③ 服装CI设计系统以企业的定位或企业经营理念为核心，对企业内部管理、对外关系活动、广告宣传等进行组织化、系统化、统一化的综合设计，使企业以一种统一的形态显现于社会大众面前，产生良好的企业形象。

知识拓展　服装CI系统的构成

服装CI系统是由服装理念识别（mind identity，MI）、行为识别（behariour identiy，BI）、视觉识别（visual Identiy，vI）构成的。

（一）服装理念识别（MI）

服装理念识别是确立企业独具特色的经营理念，是企业经营过程中设计、科研、生产、营销、服务、管理等经营理念的识别系统，是企业对当前以及未来的一个时期的经营目标、经营理念、营销方式的营销形态所做出的总体规划和界定。

（二）服装行为识别（BI）

服装行为识别是企业实践经营理念与创造企业文化的标准，是对企业动作的方式所作的统一规划而形成的动态识别系统，以经营理念为基本的出发点，对内是建设完善的组织制度、管理规范、职员教育、行为规范和福利制度，主要包括：干部教育、员工教育（服务态度）、电话礼貌、应接技巧、服务水准、作业精神、生产福利、工作环境、内部营缮、生产设备等；对外则是以开拓市场调查、进行产品开发、开展社会公益性文化性活动、公共关系、营销活动、流通对策、代理商、金融业、股市对策等方式来传达企业理念，以获得社会公众对企业的识别认同。

例如，员工的态度、举止不文明；营业员对顾客态度不佳，秘书接电话不礼貌；有公司标志的车辆不遵守交通规则；和客人约谈的聚会无法准时赴约等，以上情况的发生将对公司形象造成伤害。

（三）服装视觉识别（VI）

服装视觉识别是以企业的标志、标准字体、标准色彩为核心展开的完整、系统的视觉传达体系，是将企业理念、文化特质、服务内容、企业规范等抽象语意转换为具体符号的概念，塑造出独特的企业形象。视觉识别系统分为基本要素系统和应用要素系统两个方面。基本要素系统主要包括：企业名称、企业的品牌标志、企业品牌的标准字体、企业专用印刷字体、企业标准色、企业造型、象征图案等。应用要素系统包括：事物用品、办公器具、设备、招牌、旗帜、标识牌、建筑外观、橱窗、衣着制服、交通工具、产品等。

服装色彩

任务二　成功品牌服装色彩设计案例分析

任务分析　服装色彩设计案例

服装色彩案例是以案例的形式分析和诠释色彩的搭配原理。

服装色彩是视角中最响亮的语言、最具有感染力的艺术因素和媒体，具有巨大的社会效益、经济效益和美感效应，蕴含寓意尽在其中。它不仅传递信息、表达感情，使色彩成为构成服装美、环境美的重要因素，而且还能够在激烈的世界性服装市场竞争中，起到自我介绍和诱导购买的作用，达到广告宣传效果，使色彩在形成服装的社会效益、美感效应的同时成为产生巨大经济效益的重要因素。成功的服装色彩设计案例，是服装的生命象征、美感的体现，是服装产品质量的保证，是服装市场获得巨额效益的基础。

相关知识与任务实施

成功品牌服装色彩设计案例分析——MISSONI品牌服装色彩设计案例。

目标公司：意大利MISSONI服装公司

公司经营商品：羊毛，还包括亚麻、丝、棉、黏胶纤维各种色彩缤纷的新面料和谐地组合成套衫、连衣裙、外套、翻领运动衫和饰物。

市场地位：在意大利众多时装品牌中，MISSONI已然被公认为针织品的掌门人。MISSONI的针织服饰是一种影响世界时装的风格，是一个家族以时尚和工艺表达完美爱意的特殊标志。MISSONI是意大利的流行品牌，产品系列已经延伸至服装、香水、配件、家居等领域，成为MISSONI帝国，其销售量也位居首位。

案例分析：意大利MISSONI品牌之所以享誉世界，并有惊人的销售量，与其品牌的设计色彩是紧密相连的。以针织著称的意大利MISSONI品牌有着典型的意大利风格，几何抽象图案及多彩线条是MISSONI的特色，优良的制作、有着强烈的艺术感染力的设计、鲜亮的充满想象的色彩搭配，使MISSONI时装不只是一件时装，更像一件艺术品（如图8-6）。

图8-6　MISSONI品牌服装

MISSONI 的风格基本上是由色彩决定的，不是某种特定的色彩而是色彩本身，是其纯粹简洁的应用。对于许多品牌来说，色彩只是可以添加的一种元素，对 MISSONI 来说，色彩可以说是每种设计、每种造型的基础。色彩可以给织物带来活力，而且通过服装的诠释表达出含义。"在 MISSONI 品牌里，某些事情是一种意向，同时也是种思维方式"。色彩也可以说是 MISSONI 的首要思维方式，因此，尽管 MISSONI 的服装色彩复杂，有时候其色彩之间原本是相互冲撞的，但在设计师的掌控下，总能呈现出和谐之美。一件服装，可以在一个季节里与一种你喜欢的颜色搭配，也可以在下一季节里与另一种色彩搭配。似抽象画色彩般的组合具有现代意义，它把服装提高至艺术的形象，是艺术与针织的统一调和。

由此可见，MISSONI 品牌服装的成功体现在色彩设计上。色彩是一把打开消费者心灵的钥匙。好的色彩不仅可以向消费者传达商品的信息，而且能吸引消费者的目光。美国流行色彩研究中心的一项调查表明，人们在挑选商品的时候存在一个"7秒定律"：面对琳琅满目的商品，人们只需7秒钟就可以确定对这些商品是否感兴趣。在这短暂而关键的7秒内，色彩的作用占到67%，成功品牌与色彩营销成为决定人们对商品好恶的重要因素。

某服装企业，多年来一直采用的是标准的红蓝色彩组合作为专卖店形象，该形象非常显眼，很远就可以得到消费者认同，因此在多年的经营中在消费者当中赢得了广泛的知名度。两年前，公司新推出一种品牌，瞄准的是年轻一族和单身人士，因此希望品牌定位显得更加年轻化。最后经过研究，一致认为在颜色上不走蓝红两色，而改走嫩黄色的时尚路线，同时在产品本身上也和原有品牌进行区分，两个风格截然不同，不了解的人很难相信是出自同一企业。两年过去，新品牌已经成为年轻一族当中的知名品牌。

以上案例告诉我们，品牌是有生命的，每个品牌都应该有其鲜活的个性，巧妙地利用色彩对品牌或商品进行营销定位，有利于新兴品牌快速取得知名度，也有利于老品牌重新焕发生机。尽管众多的品牌还没完全认识到色彩营销的作用，但是先行的企业正在朝向知名品牌方向迈进。

任务小结

一个成功的品牌，成功的因素有很多，但其中有一条必定是运用了鲜明的色彩来表现企业品牌个性，运用色彩营销为服装企业品牌推广事业增添光彩可以从四个方面的原则来考虑：一是选择和企业定位相符合的色彩，色彩营销总是以企业定位为基础的，定位年轻时尚的品牌可以采用鲜艳明快的色彩，定位年轻女性的品牌可以采用柔和梦幻的色彩；二是色彩可以和一些具体形象相结合，消费者在认知品牌的过程中，会更容易识别，也更容易形成记忆；三是品牌色彩并非一成不变的，很多企业制定好一套品牌色彩后，就将其视为天书，不允许对其中进行任何修改，其实当目标消费者发生变化时，品牌色彩也应当随消费者需求的变化而变化；四是当企业业绩发生变化时，要注意分析其原因，不可忽视其中也存在因为色彩应用不当而导致消费者消费倾向发生偏移的现象。

知识拓展　　成功品牌与色彩营销

世界著名品牌迪奥一直是华丽女装的代名词。大V领的卡马莱晚礼裙，多层次兼可自由搭配的皮草等，均出自于天才设计大师迪奥之手。其优雅的窄长裙，从来都能使穿着者步履自如，体现了幽雅与实用的完美结合。迪奥品牌的成功和享誉世界，与其服装的设计，特别是色彩的大胆和谐运用是密切相关的（如图8-7）。

图8-7　Dior设计作品

教学与实践评价

项目训练目的：

通过服装色彩企划过程各项任务的实施训练，掌握服装企业CI文化特征，以便于成功运用于服装色彩的设计，为今后走向职业岗位打下基础。

教学方式：由教师讲述服装色彩企划的程序，以及制定切实可行的配色方案的方法和过程，服装色彩的企划原理，服装色彩进行商业目标客户的服装CI企划，可以带领学生到企业去实地考察、参观。

教学要求：

1.让学生掌握服装色彩的企划过程，以及制定切实可行的配色方案。

2.把理论的知识运用到实际中去，带领学生去企业、工厂实地考察，了解企业的服装CI文化。

3.教师组织学生进行课堂讨论，并对讨论结果予以总结点评。

实训与练习：

1.了解服装色彩企划的程序，能制定切实可行的配色方案。

2.根据所学知识为某服装品牌进行色彩设计。

3.做服装品牌的市场调查，然后写出2500字的品牌服装案例市场调查报告。

4.将服装色彩与风格理论贯穿于品牌运作。

5.了解并掌握现代化、系统化且可检测、可控制、可评估的服装品牌色彩管理技术，将课程任务内容学以致用。

附录
世界著名服装
设计师简介

克里斯蒂安·迪奥（Christlan Dior）

迪奥生于1905年法国格兰威尔一个富有的企业家中。迪奥是个天生的设计师，他对于剪裁、缝纫等一窍不通，却对比例极为敏锐。他对于剪裁线的设计思路清晰。40岁前的迪奥一直为别的设计师设计服装，直到1945年，才开始经营自己的事业。

1947年，迪奥在蒙泰尼大街30号开店，并首次推出他自己的时装款式，立即轰动了时装界，这次时装表演被美国记者命名为"新外观"（New Look），宣告"像战争中的女军服一样耸肩的男性外形服装的时代结束了"。从此以后，他每年发表新作，郁金香型、H型、A型、Y型、箭型、磁石型、自由型等，他以这些接二连三的独创的外形，完全领导了世界服装的流行，走在战后时装革新的前列。他的名字成为法国高雅的同义词。在当时，穿迪奥衣服成为时髦的象征。

1953年，迪奥创造出强调女性胸部及腰部线条的设计，称为"TULIP LINE"。1954年推出"H LINE"表现宽松的直线条，1955年的"Y LINE"和"A LINE"又从不同线条上表现服装。直到现在，H、Y、A仍在服装中被用于表示服装的形态。

1955年，由于迪奥的杰出设计和卓越成就，被美国授予"雷门奖"，这是法国设计师第一位荣获此殊荣。

1957年，迪奥因心脏病逝世。其公司由其助手领导，继续经营。由迪奥培养出来的设计师皮尔·卡丹、圣罗兰，也是国际上最具知名度的设计大师。迪奥的名声依旧，他是世界时装界的巨人，仍然引领当今时装的潮流，在时装界继续他的辉煌。附图1为Christian Dior的作品。

附图1 Christian Dior 作品

卡布瑞勒·夏奈尔（Cabrielle Chanel）

"可可"夏奈尔，她的设计崇尚自由随意搭配的风格，把女性从笨拙的体形扭曲的束缚中解放出来，她强调优雅简洁而方便的服装，夏奈尔喜欢说："永远作减法，从来不作加法。"她去掉了服装设计中虚伪的装饰和束缚，同时让服装越来越实际，越来越开放。

夏奈尔的设计活泼、醒目、自然时尚。夏奈尔风格的本质即自然。夏奈尔的自然风格使得服装设计更加高雅。新潮不过是颜色和姿势的组合，追求一种优越感和拔高的效果。她说："服装应该有生命力，就像穿着它的女人一样能自由运动。"

运动女裙、开襟羊毛衫外套、两件和三件套装、黑色短裙：每一种时装都曾经作为主角流行了十几年，是夏奈尔在设计中将它们合成一体，使它们成为流行服装。夏奈尔曾经写道："想要找到身轻如燕的感觉，于是，我就设计出更轻薄的时装。在我年轻的时候，女人看上去与男人完全不同。她们的服装违背自然。我把自由还给了她们。我给了她们真正的手臂、真正的腿，我在进行一场可信赖的解放运动。"

当然，夏奈尔不仅仅是一位设计师，她还是企业家，她为Palph Lauren或卡尔文·克莱恩（Calvin Klein）的发展铺平了道路，使夏奈尔成为创建品牌和经营交叉商品的先锋。她最得意的创意也许不是一条裙子，而是夏奈尔五号香水。总之，夏奈尔是一种文化象征，她散发着持久的魅力，证明在20世纪三分之二的时间里，一个成功的女性如何完成了一些可能及不可能的事情。附图2、附图3为Cabrielle Chanel的作品。

附图2　Cabrielle Chanel 作品（一）

附图3　Cabrielle Chanel 作品（二）

伊夫·圣洛朗（Yves Saint Laurent）

　　生于阿尔吉利亚的法国著名时装设计大师伊夫·圣洛朗是20世纪法国最伟大的设计师之一。

　　伊夫·圣洛朗对待时装就像对待艺术创作一样，在他的服装设计作品中，我们可以看到有一种极其深邃的内涵，可以看出其作品的艺术根基之深厚，涉及领域之广泛，法国服装界称伊夫·圣洛朗为"天才的设计家"。

　　在伊夫·圣洛朗早期的作品中，我们可以看出艺术在其服装中的展露，在设计的蒙德里安系列中，我们看到了当时正在流行的直线型。在整个直线条的造型中可以看出当时的时代感之强烈，从而成为其成名之作。他把当时流行的直线造型与蒙德里安的冷抽象作品巧妙结合，并运用于服装之上，艺术和服装结合得天衣无缝，从而使得法国以至世界的服装界耳目一新。而在时装艺术的道路上，伊夫·圣洛朗独辟门径，开拓出了伊夫·圣洛朗的天地和他的风格，从而使巴黎服装界的舞台上又开出一枚奇葩；而对于服装爱好者和服装设计师来说，使他们开拓了眼光与思路，使服装设计找到了一个不枯竭的源泉。蒙德里安系列的出现，貌似偶然，实则必然，在巴黎服装史上可以说是一个起点。附图4、附图5为Yves Saint Laurent的作品。

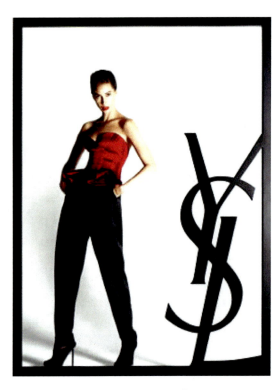

附图4　Yves Saint Laurent 作品（一）

附图5　Yves Saint Laurent作品（二）

皮尔·卡丹（Pierre Cardin）

皮尔·卡丹先生是世界顶级服装设计大师，他的传奇还在于让高档时装走下高贵的T型台，让服装艺术直接服务于老百姓；皮尔·卡丹先生集服装设计大师与商业巨头与一身，卡丹的商业帝国遍布世界各地；他的成就就在于他的社会活动，他完成了许多职业外交家所无法完成的功绩，为世界各国人民的相互了解做出了巨大的贡献。

卡丹先生在1950年创建了以自己的名字命名的服装公司，1953年他推出了第一台服装表演，正式开始了服装设计师的生涯。经过近20年的不懈努力，卡丹先生终于实现了自己创业的梦想：一个世界级的服装设计师。他的成就得到了公认：卡丹先生曾三次获得法国服装设计的最高奖赏——金顶针奖。这个奖项能得到一次已是设计师的最高成就，三次获得者更是凤毛麟角，直到今天，还没有人能超过卡丹先生。1992年，卡丹先生作为唯一的服装设计师入选精英荟萃的法兰西学院，从而奠定了卡丹先生作为世界顶级服装设计大师的地位。

卡丹先生的服装设计已经广为人知，其实同样可贵的是他的商业成就。卡丹先生开创先河，让高档时装走下神圣的T型台，成为第一个生产高档时装的设计师。此举具有非常重大的意义：一方面，他把从来只属于上流社会的高档时装"民主化"了，使中产阶级甚至平民百姓也可以享受服装艺术的最新技术；另一方面，

附图6　Pierre Cardin 作品（一）

他给成衣制造业注入了巨大的活力，开阔了广大的市场。这个具有划时代意义的革命性创意在今天看来是理所当然的，而在当时，却被视为异端邪说，为当时的高档时装界所不容。卡丹先生因此还被开除出法国男装协会。可是时间和实践是最好的评判。十数年后，世界各大时装品牌几乎都走上了卡丹先生开创的道路：进行成衣。所不同的是，卡丹先生已经利用他的勇敢所得到的"先机"，让带有"皮尔·卡丹"商标的产品占领了世界市场。根据有关部门的客观统计，"皮尔·卡丹"是世界上销售最多的商标之一。在商场上，"先机"往往意味着"商机"。卡丹先生以他的远见卓识再一次证实了这一点，他也从中得到了巨大的经济回报。今天，皮尔·卡丹的商业帝国在全国世界拥有400多个商标代理合同，在130多个国家生产和销售，直接从业人员达到20万人。附图6、附图7为Pierre Cardin的作品。

附图7　Pierre Cardin 作品（二）

乔其欧·阿玛尼（Giorgio Armant）

乔其欧·阿玛尼出生于意大利北方的皮亚仙札，家庭对于阿玛尼的影响并不大，年轻时的阿玛尼也没有受到过正式系统的设计教育，对于学习服装设计，他也是完全源自自己浓厚的兴趣。

阿玛尼的生活极为简单，是个讲求实际的人。阿玛尼的设计融合高雅与柔和，他的灵感来源于未来，其女装设计采用大胆的男性化。当穿着阿玛尼中性风格的服装时，你会感到自己相当的出色。

阿玛尼的设计既不惹眼也不性感，但是设计简单利落，优雅的气质衬托出职业女性的洒脱和自信；尤其是美国的职业妇女，均以阿玛尼的设计风格视为自己理性的穿着方式。有人说，巴黎时装华丽高贵，米兰时装潇洒帅气，而意大利的时装则以阿玛尼为代表，简洁大方。

阿玛尼的工作十分忙碌，他每年都会推出29个系列的设计新品，包括ARMANI的男女装、皮包、手套、珠宝首饰、鞋子和香水……对于提升现代女性的魅力和自信气质，可以说阿玛尼的设计与创造起到了非常大的贡献。附图8、附图9为Giorgio Armani的作品。

附图8　Giorgio Armani作品（一）

附图9　Giorgio Armani作品（二）

瓦兰提诺（Valention）

瓦兰提诺1932年出生于意大利的北部，自小就对服装设计情有独钟，高中毕业后就前往巴黎学习服装设计专业。1959年，他在罗马创设"瓦兰提诺公司"，不久后就赢得了时装设计类的头奖，受到时装界的注目。

1967年瓦兰提诺大胆地发表了一系列"白色的组合与搭配"，在时装界掀起了轩然大波，许多全球性的时装杂志争相报道；同年，他又荣获流行服饰界的最高荣誉——"流行奥斯卡奖"，至此瓦兰提诺在世界的时装舞台上，建立了自己稳固的名声与地位。

瓦兰提诺在设计理念上充分表现了自己的才华，他对舒适面料的采用及搭配，优雅线条的设计以及造型的成熟，赢得欧洲名流的热爱，尤其是女士的喜爱，很多名人明星都是他的常客。除了女装与男装设计之外，1969年起，瓦兰提诺又继续开发了一系列的饰品、香水、皮包皮具、太阳镜等，总数有58项之多，经营范围遍及世界各大城市。

"追求优雅，决不为流行所惑"是瓦兰提诺的名言，同时也是他的设计理念。由于他敏锐而感性的创造力，使他成为意大利流行界的王者，他在时装界的成就令人羡慕。附图10、附图11为Valention的作品。

附图10　Valention 作品（一）

附图11　Valention 作品（二）

三宅一生（Issey Miyake）

三宅一生是日本著名的时装设计师，他的作品享誉世界，他最大的成功之处就在于"创新"，巴黎装饰艺术博物馆馆长戴斯德兰里斯称誉其为"我们这个时代中最伟大的服装创造家"。

三宅一生的创新关键在于对整个西方设计思想的冲击与突破。欧洲服装设计的传统向来强调感官刺激，追求夸张的人体线条，丰胸束腰凸臀，不注重服装的功能性。而三宅一生则另辟蹊径，重新寻找时装生命力的源头，从东方服饰文化与哲学观中探求全新的服装功能、装饰与形式之美。并设计出了前所未有的新观念服装，即蔑视传统、舒畅飘逸、尊重穿着者个性、使身体得到最大自由的服装。"他的独创性已远远超出了时代和时装的界限，显示了他对时代不同凡响的理解"。

在造型上，三宅一生开创了服装设计上的解构主义设计风格。借鉴东方制衣技术，以及包裹缠绕的立体裁剪技术，在结构上任意挥洒，任马由缰，释放出无拘无束的创造力激情，往往令观者为之瞠目惊叹。掰开、揉碎，再组合，形成惊人奇突构造的同时，又具有宽泛、雍容的内涵。这是一种基于东方技术的创新模式，反映了日本式的关于自然和人生温和交流的哲学。三宅一生时装中与人迥异的是身体与服装之间所保存的空间。与西方传统的设计思想相反，他的服装并不仅仅是人的第二皮肤，或仅是为了塑造出优美的人体曲线，而是由穿着者自己决定、自己体悟和展现作品。这样，穿着者可以自由地在设计师为其提供的空间中舒适地表达自我，而不是被动地限定于设计师已经设计完成的造型之中。三宅一生的作品看似无形却疏而不散。正是这种玄妙的东方文化的抒发，赋予作品以神奇的魅力。

三宅一生自己对时装的解释是：我试图创造出一种既不是东方的风格也不是西方的风格的服饰。他的追求显然是成功了。那些T恤、裤子、小上装、套头衫和那些像羽毛一样轻的外套，都在三宅一生的商标下风靡全球，不过值得一提的是，他的服装实用性得到了相当大的强调，他的晚装可以水洗、可以在几小时之内晾干、可以像游泳衣一样扭曲和折叠。在生活节奏越来越快的现代女性那里，这些特点具有致命的诱惑力。三宅一生凭着奇特皱褶的面料，在才子如云的巴黎时装界站稳了脚跟。他根据不同的需要，设计了三种褶皱面料：简便轻质型、易保养型和免烫型。三宅一生的褶皱不只是装饰性的艺术，也不只是局限于方便打理，他充分考虑了人体的造型和运动的特点。在机器压褶的时候，他就直接依照人体曲线或造型需要来调整裁片与褶痕。他的褶皱服装平放的时候，就像一件雕塑一样，呈现出立体几何图案，穿在身上又符合身体曲线和运动的韵律。附图12、附图13为Issey Miyake的作品。

附图12　Issey Miyake 作品（一）

附图13　Issey Miyake 作品（二）

参考文献

[1] [美]保罗·芝兰斯基,玛丽·帕特·费希尔.色彩概论.文沛译.上海:上海人民美术出版社,2004.

[2] 史悠鹏,郭建南.服装色彩设计.杭州:浙江人民美术出版社,2002.

[3] 荆其诚,焦书兰,纪桂萍等.人类的视觉.北京:科学出版社,1987.

[4] [美]卡洛琳·M·布鲁墨.张功钤译.视觉原理.北京:北京大学出版社,1987.

[5] [美]鲁道夫·阿恩海姆.艺术与视知觉.滕守尧,朱疆源译.北京:中国社会科学出版社,1984.

[6] [美]H. G. 布洛克.美学新解.滕守尧译.沈阳:辽宁人民出版社,1988.

[7] [美]内森·卡伯特·黑尔.艺术与自然中的抽象.沈揆一,胡知凡译.上海:上海人民美术出版社,1988.

[8] Alison Lurie.解读服装.北京:中国纺织出版社,2000.

[9] [英]E. H. 贡布里希.秩序感.杨思梁,徐一维译.杭州:浙江摄影出版社,2000.

[10] 辛华泉.造型基础.西安:陕西人民美术出版社,2002.

[11] [法]马蒂斯.马蒂斯论艺术.欧阳英译.郑州:河南美术出版社,1987.

[12] 荆其诚等著.人类的视觉.北京:科学出版社,1987.

[13] [美]保罗·芝兰斯基等著.色彩概论.上海:上海人民美术出版社,2004.

[14] [日]视觉设计研究所等编.绘画色彩基础教程.北京:中国青年出版社,2004.

[15] [美]莱斯利·卡巴加编著.环球配色惯例.上海:上海人民美术出版社,2003.

[16] [英]莫里斯·德·索斯马兹著.视觉形态设计基础.上海:上海人民美术出版社,2003.

[17] 中国服装协会.VIEW国际纺织品流行趋势,2006,(3).

[18] 艺术跟踪出版中心.艺术跟踪,2005,(5).

[19] 吴冠中著.望尽天涯路.广西:广西美术出版社,2003.

[20] 张殊琳.服装色彩.3版.北京:高等教育出版社,2015.

[21] 唐宇冰.服装设计表现.北京:高等教育出版社,2003.

[22] 庄丽新.成衣品牌与商品企划.北京:中国纺织出版社,2004.

[23] 庞绮.服装色彩.北京:中国轻工业出版社,2001.

[24] 李莉婷.服装色彩设计.2版.北京:中国纺织出版社,2015.

[25] 贾京生.服装色彩.北京:高等教育出版社,1999.

[26] 黄元庆等编著.服装色彩学.6版.北京:中国纺织出版社,2014.

[27] [英]卡罗琳·特森,朱利安·西门.英国时装设计绘画教程.黄文丽,文学武译.上海:上海人民美术出版社,2005.

[28] 徐苏,徐雪漫.服装设计学.北京:高等教育出版社,2003.

[29] 王杰.美学.北京:高等教育出版社,2004.

[30] 仇德辉.统一价值论.北京:中国科学技术出版社,1998.